小動物★飼い方上手になれる！

文 鳥

育て方、食べ物、接し方、病気のことがすぐわかる！

著・伊藤美代子

誠文堂新光社

文鳥写真館
両手で包んでもいいよ
Java sparrow

写真：おび～とうもと
文：伊藤美代子

シルクよりやわらかく、
暖炉よりあたたかな文鳥。
甘えたくて手の中に
潜り込んでくるときもあるけれど、
飼い主の顔を見て
「包ませてあげようかな」って
思うときもあるのです。

マシュマロのような
ふんわり『白文鳥』

「困ったときは頼ってね」
いつも感謝しているよ

ボクもおとなになったら
『ノーマル文鳥』になれるかな

涼しい顔の『シルバー文鳥』は
思慮深いしっかりさん

活発な『桜文鳥』は
負けず嫌いの自信家さん

甘えんぼうで優しい印象。
ちょっと控えめな『クリーム文鳥』

同じ色でも１羽１羽で
性格の違う文鳥たち。
カップリングの難しさは
人間と同じです。
相思相愛なんて、
そうそうあることでは
ありません。
だからこそパートナーには
深い愛情を注ぎます。

「夢の中でもとなりにいてね」
「目覚めるのも一緒だよ」

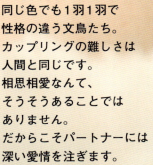

文鳥からのプレゼント
どうか忘れずに見つけてあげて

小さくてひよわだけど
存在はとっても大きいよ

楽しくすてきな毎日を
一緒に生きていこうね

Chapter 2
成鳥のお世話

Chapter 5
ペアリングと繁殖 ················· 99

Column 8

目次写真：おぴ〜とうもと

はじめに

　小鳥を代表するような美しいフォルムをもちながら、飼い主を信頼し、対等につき合おうとする性質をもつ文鳥。手乗りとして育てられた彼らの飼い主への馴れ方は、他に類を見ないほどです。

　SNSなどで飼い主が発信する日常の愛らしい表情は、鳥好きではない人々をも魅了します。しかし、実際の文鳥は警戒心の強い鳥です。愛らしい表情を見せてくれるのは、大好きな飼い主にだけなのです。

　この書籍では、文鳥にどう接すれば信頼され、愛される飼い主になれるのか、そして文鳥を守っていけるのかをお伝えしたいと思います。

　文鳥とのやさしい日々を皆さまも体験できるようお手伝いできれば幸いです。

伊藤美代子

Chapter 1

ヒナから育てる

手乗り文鳥を飼う醍醐味は、ヒナから育てることにあります。小鳥のヒナらしいかわいい姿や鳴き声はもちろん、毎日の変化に一喜一憂しながら育てた文鳥は、飼い主にとって唯一無二の宝物になることでしょう。

文鳥ってどんな鳥？

写真提供：おび〜とうもと

文鳥は
インドネシア生まれ

　文鳥の原産地は、高温多湿の熱帯にあるインドネシアのジャワ島とバリ島です。

　頭部や尾羽は真っ黒で、力強い印象があります。主に市街地に生息していますが、行動範囲は広く、田畑や海辺にも移動します。

　しかし、1970年代にはあまりにも増えたため、稲の害鳥として駆除され、生息数が激減しました。現在はワシントン条約によって厳しく管理され、日本国内への輸入も禁止されています。インドネシア国内では、ジャワ島などで保護活動が行われています。

日本での繁殖

　江戸時代から輸入されていた野生の文鳥は、当時から人気が高く、高価な値段で売買されていました。その後、国内にも生産農家が増え、組合ができるほどの産業に発展しました。

　こうして国内繁殖されてきた文鳥は、野生の文鳥とは異なり、あまりヒトを恐れない性質をもつようになりました。飼い主が『さし餌』をすることで、よりヒトに馴れた文鳥に育つため、現在では『手乗り文鳥』として飼うことが主流となっています。細やかな愛情をかけて育った文鳥は、毎日が楽しくなる、かわいいパートナーになります。

文鳥に 愛される飼い主に

　文鳥は飼い主に強い関心をもつ鳥です。飼い主の1日のスケジュールを覚え、それに合わせるように生活します。できるだけ無駄な時間は費やしたくないようで、決まった時間に遊んだり、世話をしたりしていると、それ以外の時間はとても落ちついて過ごすようになります。

　しかし、初心者が『手乗り』として育てるには注意が必要です。好き嫌いの激しい一面もあるため、一度嫌われてしまうと関係修復は困難になるのです。

　手乗り文鳥は、しつけて育てるのではなく、飼い主自身が文鳥に愛される存在になるように接することが大切なのです。

文鳥の迎え方

ヒナを迎える時期

　文鳥は、ペットショップや小鳥専門店から購入したり、愛好家からの譲渡などで迎えることができる。

　地域や品種によって値段にばらつきはありますが、成鳥・ヒナともに1羽2,000円から15,000円くらいで購入することができます。

　日本での繁殖シーズンは、秋から春の半年間が一般的ですので、ヒナを購入できるのもこの時期になります。

健康な個体の選び方

　初めて文鳥を飼う方は個体の良し悪しがわからず、「目が合った」などの理由だけで購入を決めることがあります。しかし、個体の健康状態は1羽1羽で違います。特にヒナのなかには、すぐに病院連れていかないといけない状態の個体がいることもあります。

　ショップなどで購入する場合は、初めて飼うことを伝えて、店員さんに元気そうな個体を選んでもらってください。飼育経験のある家族や友人に選んでもらうのもよいでしょう。気に入ったヒナがいない時は、ショップ巡りをしてもよいのですが、焦らず次の入荷日を聞いて、たくさんのなかから選ぶほうが賢明です。

ヒナの移動時の注意

　ショップなどでは持ち帰り用の小さな紙箱に入れてもらえますが、できれば移動用キャリーなどを持参し、その中に箱ごと入れるようにしましょう。

　特にヒナの場合、寒い時期は温度変化で体調を崩しやすいものです。移動中はカイロなどを使って30℃くらいに保ちます。当然ですが、ショップなどでヒナを購入したら、寄り道をしないでまっすぐ家に帰りましょう。

手乗り文鳥の愛情表現のいろいろ

　初めて文鳥を飼う時の、いちばんの楽しみは『手乗り』でしょう。肩や手に止まったり、つらいときにそっと寄り添ってくれたり、手の中に潜り込んできたり、部屋のドアノブでじっと待っていてくれたり、呼ぶと飛んできて手に乗ったり……。どれだけ書いても書ききれない愛情表現を、文鳥は私たちにしてくれます。

　それだけではありません。甘えん坊のようにみえますが、内面はかなりのしっかり者です。飼い主が出かける直前までは「行かないで〜」と鳴いて騒ぎますが、出かけてしまうと静かに留守番をしています。そして帰宅する足音を聞くと、うれしくてまた鳴き出すのです。状況を判断して気持ちをコントロールできる、とても賢い鳥です。

　けれどもこうした愛情表現の数々は、文鳥に信頼され、そして愛されていないと起こりません。『手乗り』はヒトの命令や強制では成立しません。それどころか逆に関係が悪化してしまうことさえあります。

　決して文鳥にいうことを聞かせようと思わないでください。どうすればこのまま手乗り文鳥でいてくれるのか、何をすればもっと仲良くなれるのかは、飼い主のあなたが文鳥の気持ちを考えることから始まるのです。

『ヒナ』ってどんな生きもの？

ヒトに馴れやすい生きもの

『手乗り文鳥のヒナ』と聞くと、どこか特別なものに感じますが、一般的な野鳥のヒナと変わりありません。飼い鳥ではありますが、やはり繊細な鳥の赤ちゃんです。

ですので、文鳥のヒナは特に生命力が強いわけでも、育てやすいわけでもありません。特別なところを挙げるとすれば、「ヒトが大好き」ということでしょう。

まずは右ページで自然下で親鳥に育てられているヒナがどのような生活をしているのかを見てみましょう。

ヒトが育てる場合の注意

ヒナを育てる場合は、できるだけ親鳥の育雛に近い状態で育てます。そのためにはヒトの赤ちゃんの保育器のような、温度と湿度が管理できる隔離したスペースが必要です。

温度や湿度は外から見ただけではわからないので、温度計や湿度計などが必要になります。

自然下でのヒナの成長環境

6羽くらいのヒナが密集し
て暮らしていて、巣の中は
35℃前後に保たれている

触るとしっとりしている
くらいの湿度がある

日中12時間は親鳥から給
餌を受けていて、飛べるよ
うになるまでヒナは巣から
一度も出ない

親鳥は雌雄どちらも子育て
をする

ヒナが小さいうちは親鳥が
フンを食べたり、クチバシ
にくわえて巣の外に捨てた
りする

写真で見る桜文鳥の成長

　以下の写真は、桜文鳥のオスが育っていく様子です。購入したヒナが、生後何日目なのかわからない場合の参考にしてください。

　クチバシに色素がある鳥が桜文鳥で、ない鳥は白文鳥です。通常の桜文鳥のヒナのクチバシは黒一色ですが、一部色素が抜けてピンク色になっている個体は、羽の色素も白く抜けます（生後20日目の写真参照）。

9日目

体表は熱く、しっとりとした薄い皮膚です（約11g）

10日目

風切り羽根の色がわかります（約11g）

11日目

そのうに入っているのはパウダーフードです（約15g）

12日目

目が開き、羽軸もたくさん生えてきました（約16g）

13日目

頭皮の中の羽軸の色が確認できます（約18g）

14日目

羽軸の先が割れて、羽毛が開きはじめました（約20g）

15日目

主要な部分の羽軸が生えて、全体の色がわかる
ようになりました（約23g）

16日目

姿勢が整い、翼を折りたたむようになってきま
した（約24g）

17日目

頬や外耳孔周りの羽軸が生えそろっています
（約25g）

18日目

翼を背中で折りたためるようになると歩き始め
ます（約27g）

19日目

クチバシで羽づくろいを頻繁にするようになり
ました（約27g）

20日目

桜文鳥らしく、アイリングにもメラニン色素が
確認できます（約28g）

21日目

生後3週間目になると活発に動き始めますが、
まだ育雛室で暮らします（約27g）

22日目

羽毛の発育に体力を奪われて疲弊し、命を落と
しやすい時期です（約28g）

23日目

跳ねて歩くホッピングを少しずつ始めるように
なりました（約29g）

24日目

運動能力とともに学習能力もアップしてきます
（約28g）

25日目

ゆっくりとしたスピードで50cmくらいの初飛
行に成功しました（約28g）

27日目

飛べるようになると自信に満ちた目つきになり
ます（約26g）

28日目

日中だけ初めてケージで過ごさせました（約
27g）

31日目

中央の個体が『ぐぜり』（さえずりの練習）を
始めたのでオスと確認しました（約28g）

32日目

じっとしているのはさし餌の時だけになりまし
た（約29g）

36日目

だんだんと自分でエサを食べられるようになっ
てきました（ひとり餌）

ヒナ換羽が始まって、羽毛が抜けはじめました

クチバシの色素が抜けてピンクになりました

ヒナの羽と成鳥の羽の入れ替わり途中です

クチバシとアイリングの赤みが強くなってきました

成鳥になってから

約1年で成鳥になりました。体重は27gで落ち着きました

頭部に顕性遺伝による白い羽が多くなってきました

体全体に白い羽が増えています

1歳時と比べると別の個体のようなカラーになりました

生後15〜30日のお世話

1日に必要な
さし餌の回数は？

生後14日ごろは手乗り用に『巣上げ』（ヒナを巣から人為的に取ること）をする時期です。ショップには生後15日くらいのヒナから並びます。初心者にも飼いやすいように、入荷したあと数日間はバックヤードで育て、『手乗りヒナ』として販売するショップも増えています。

この時期のヒナは、1日のさし餌が2時間おきに6回程度必要です（さし餌の方法は36ページ参照）。「そんなに手がかかるの？」と思うかもしれませんが、実際の親鳥はひっきりなしに給餌をして

います。

とはいえ、人間は親鳥のような細やかな配慮ができないので、あまりに頻繁にさし餌をしすぎると不注意による事故のリスクが高まります。ヒナが一度に食べることができる量、そしてそれを消化する時間を考慮し、健康に育てるための最低限の回数が1日6回と考えています。

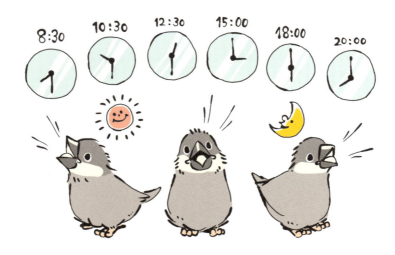

さし餌と温度管理の関係

　生後25日ごろからは自分で食べられる量が増えてくるので、時間によってはさし餌をほしがらなくなってきます。

　また、寒さに弱いヒナは、室温が低いとお腹が空いていても食欲が減退してしまいます。育雛室（プラスチックケースなど）とさし餌をする室内の温度差をできるだけ少なくし、部屋全体を暖める、またはヒナがいる場所だけでも暖かくなるよう電気ストーブなどを用意してください。

　特に冬場、夜間ずっと暖かい育雛室にいたヒナに朝一番をさし餌をする際は、ヒナが寒さを感じないよう、部屋を十分に暖めてから行ってください。

毎日の体重測定

　キッチンスケールを使って体重測定をします。本来なら空腹時が適当ですが、緊張してさし餌を食べられなくなると困るので、さし餌後でもよいでしょう。

　ヒナは毎日体重が増えていくものです。増えない場合はなんらかの問題がある場合が多いようです。ヒナの健康状態やエサの与え方に不備がないか、一度、獣医師に相談してください。

フンを観察する

　あわ玉を食べている巣立ち前までのヒナは、ぷっくりとした大きなフンをします。薄い袋に入ったようなつるんとした表面をしています。巣を掃除するために親鳥がくちばしでつまみやすいようになっています。ヒナの具合が悪いと形が崩れたり、小さな水っぽいフンになります。

　パウダーフードのみのさし餌を食べているヒナのフンも形が整わず、ベチャッとしていますが、病気ではありません。

　どちらも飛ぶようになると成鳥と同じフンの形になります。

生後31〜45日のお世話

初飛行は巣立ちの準備

　ヒナの頭部の羽軸がすっかり開き、全身が羽毛に包まれると、飛ぶことが可能になります。眼光も鋭くなり、これまでとは顔つきが変わってきます。育雛室の中で前のめりになって翼を羽ばたかせるようになったら、あと数日で初飛行です。

　飛び始めは30cmくらいですが、すぐに慣れて全力で飛ぼうとします。部屋の広さを学習していない間は、何かにぶつかったり着地点を間違ったりすることもあります。窓やドアが開いてないか、ガラスや鏡にはカーテンや布をかけてあるかチェックしてください。羽や頸椎を骨折する事例もあります。

　初飛行は『巣立ち』を意味しますが、この時期のヒナはまだ自分でエサをとることはできません。野生下では親鳥から給餌を受けながら、エサのとり方や危険物の認識・回避方法を学習します。

保温・保湿対策は十分に

　飛ぶようになったら、日中は日当たりのよい場所に設置したケージで過ごさせてもいいでしょう。

　ただし、故郷のインドネシアと違って日本の冬は寒く、十分な保温と保湿が必要です。成鳥の背中をさわるとひんやり冷たいのに対し、ヒナの背中はほんわかと温かいものです。これは、成鳥に比べてヒナの羽毛が非常に薄く、保温性に欠けているからなのです。寒さにはまだまだ弱い時期と心得ましょう。

『ひとり餌』って何？

　文鳥自身で十分な量を摂取できるようになって、さし餌をほしがらなくなった状態を『ひとり餌』といいます。早ければ生後28日ごろ、遅いと生後60日ごろまでかかることもありますが、多くは生後45日あたりです。健康状態がよくなかったり、環境温度が低い冬場は遅くなる傾向にあります。

　ひとり餌の練習や訓練はとくにありません。ヒナを迎えたときにあわ穂も一緒に入れておくだけで完了です。最初はあわ穂を踏みつけたり、噛んで遊んでいるだけですが、そのうちに食べ物だと気づいて食べるようになります。ただし、あわ穂はフンで汚れやすいので、毎日取り替えてください。

水浴びを覚えさせよう！

　飛び始めたら水浴びを覚えさせます。初めて水を見た時は緊張して顔を洗うだけになるかもしれません。けれども本来は水浴びが大好きな鳥ですから、2回目にはほとんどの文鳥が浴び始めます。

使う予定の水浴び器を用意

指でパシャパシャして水滴を飛ばして見せる

ヒナは指と同じ行動をとろうとする

　これで完了です。1回目に水浴びをしなくても、ヒナはとても興味をもったはずです。翌日にまた同じことを繰り返しましょう。水浴び器を育雛室に入れておくと、知らない間に浴びてずぶ濡れになっていることがよくあります。

　水浴びをするようになったら、床にはキッチンペーパーではなくペットシーツを敷いておくと汚れが少なくすみます。

生後46〜60日のお世話

気になる雌雄の判別

　成長の早いオスは、生後30日ごろから『ぐぜり』（さえずりの練習）を始めます。生後60日ごろから成鳥羽への換羽が始まりますが、それまでにぐぜりがなければ、メスである確率が高いでしょう。体の形やパーツの色による雌雄判別は、性成熟をしてからでないとわかりません。

ヒヨコ電球の使い方

　止まり木で生活できるようになると、ケージの下に敷くタイプのペットヒーターでは位置が遠すぎるため、文鳥の体を温められなくなります。ヒヨコ電球などをケージに取り付けます。

　「寒ければそばに寄る」「暑ければ離れる」など、文鳥が自ら調節をするので、ケージを覆わないかぎり、点灯させたままでかまいません。ワット数は室温にもよりますが20〜40wが適しています。

　ただし、夜寝る時はヒヨコ電球をつけたまま布で覆ってしまうと、暑くなりすぎる可能性があります。ヒヨコ電球の背後の布は開けておくか、サーモスタットを設置してケージ内を25℃に保つようにすると安全です。

ケージ生活に切り替える

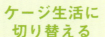

　水浴びで濡れた体をしっかり乾かせるくらいまで成長していれば、夜もケージでの生活が可能です。

　ただし、「水浴びをしない」「しても乾かせずに立ちすくんでいる」といった場合は、まだ育雛室で寝かせてください。

多くのことを経験させよう

　この時期は、生活習慣を身につけるよい時期です。ケージに取り付けたエサや水の容器を取り替える時間、放鳥する時間、眠る時間などを決めましょう。毎日同じ時刻に行うことで、文鳥のストレスは減り、落ちついた性格になります。飼い主もしつこい要求に悩まされず、お互いが気持ちよく過ごせるようになるでしょう。

　また、この時期は文鳥にとっても新しいことが楽しくてたまらない時期です。ぜひ経験しておいてほしいのが、キャリーを使ってのお出かけです。

　成鳥になってからでは、キャリーの中で怯えたり、暴れてしまうのが普通です。今後、動物病院やペットホテルなどに連れて行くこともあるかもしれません。警戒心が芽生えないうちに、キャリーでのお出かけに慣れさせるようにしましょう。

生後61〜100日のお世話

換羽期の温度管理

ヒナ換羽（ひなどや）が始まると、2カ月くらいで成鳥羽に生え変わります。鳥らしい活発な動きをするようになる一方、換羽中は寒さに弱いので温度管理には気をつけてください。

明け方などの寒い時間帯でも25℃は下回らないようにします。羽毛と同様に体の中では生殖器官も発達している状態です。低温状態が続くと体温を上げるためにエネルギーを使ってしまい、発育状態が悪くなることがあります。

怖い思いをさせないで

神経質になり、危険がたくさんあることを学習する時期です。この時期に無理に何かをさせようとしたり、怖い思いをさせると、飼い主の存在まで危険だと認識するようになります。

強く噛んだり逃げ回ったとしても、叱ったり、大声を出したり、追いかけたりはしないでください。これまで手乗りにしようと育ててきた信頼関係を、一方的に壊してしまう行為です。

column2

文鳥に歌を
覚えさせよう！

　オスは生後1カ月ごろになると、さえずりの練習に熱心になります。この時期に飼い主が口笛でウグイスの鳴き真似を教えると、それを真似てさえずる文鳥もいます。飼い主から何度も呼ばれていた名前を、さえずりの中に取り入れる文鳥もいます。

　文鳥のさえずりにはもともと決まった歌があるわけではなく、自分をアピールするための自分だけの歌です。自分がカッコイイと感じた音やフレーズを組み合わせて作曲して歌うシンガーソングライターなのです。

　クラシック、ロック、ゲーム音楽など、飼い主が頻繁に聞いている音楽を真似することもあります。自然界では、基本的にはオス親のさえずりを真似るようですが、飼育下では飼い主の聞く音楽がその役割を果たしているのかもしれません。

　この時期のオスには、歌ってほしいジャンルの曲を聞かせてみましょう。セキセイインコに言葉を教えるのと同じように、毎日同じ曲を聞いてもらうと成功率が高まるようです。

　文鳥のさえずりの完成は1歳になったあたりです。どのような歌を歌ってくれるのか楽しみですね。

保温と保湿について

育雛室の準備
いくすうしつ

「ヒナを育てるイメージは？」をたずねると、「大きく口を開けたヒナにエサを食べさせる場面」をイメージする方も多いでしょう。とてもかわいらしい光景ですが、ヒナの飼育で最も重要なのはじつは"安眠できる環境"です。

ヒトがヒナにエサを食べさせることを『さし餌』といいますが、どんなにさし餌が上手な飼い主でも、寒さなどから体力の落ちてしまったヒナを育てるのは容易ではありません。

体力が落ちたヒナは、エサをねだって鳴くことはあっても、エサを食べる力がないため、さし餌を与えても口を閉じてしまいます。特に羽毛が生えそろっていないヒナは、湿度が低いと体から水分が蒸発して脱水状態になり、そのまま死に至るケースもあります。

そのため、ヒナが過ごす『育雛室』と『さし餌を行う部屋』の温度と湿度の管理はとても重要であるということを肝に銘じておいてください。温度計と湿度計は必ず用意してください。

望ましい温度と湿度

年　齢	温　度	湿　度
生後15〜22日 （羽がほぼ生えそろうまで）	約30℃	70%〜
生後23〜30日 （飛ぶようになるまで）	約28℃	60%〜
生後31〜45日	約25℃	60%〜
生後46〜60日	約25℃	50%〜

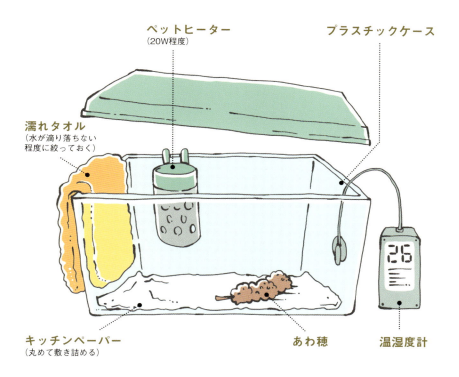

ペットヒーター
（20W程度）

プラスチックケース

濡れタオル
（水が滴り落ちない
程度に絞っておく）

キッチンペーパー
（丸めて敷き詰める）

あわ穂

温湿度計

・・・・・・・・・・〈いろいろなタイプの育雛室〉・・・・・・・・・・

プラスチックケースに底を外した竹カゴを逆さに入れた育雛室。ヒヨコ電球などをかけやすい

サイズの違うプラスチックケースを組み合わせた育雛室。ケーブルはサーモスタットのセンサー

プラスチックケースとふご。暖かい季節は底に敷くパネルヒーターで対応

ヒナの食事について

さし餌の準備

文鳥がひとりでエサを食べられるようになるのは、生後30〜45日ぐらいです。それまでは、親鳥に代わって人間がヒナにエサを与えなくてはなりません。初心者は実際にさし餌をする前に、お店のスタッフから直接習うことをおすすめします。

用意するもの

- ・給餌スポイト
- ・あわ玉
- ・パウダーフード
- ・さし餌を入れる容器
- ・湯
- ・カルシウム源
- ・青菜
- ・ティッシュペーパー
- ・バスタオル

.... 冬場 ....

湯煎用のお椀、ストーブなど

さし餌のつくり方（1羽分）

1 ティースプーン山盛り（約5ｇ）のあわ玉を入れた容器にポットの熱湯を注ぐ

2 給餌器などでかき混ぜて、浮いたホコリなどをお湯と一緒に捨てる

3 あわ玉の2倍くらいの高さになるように熱湯を入れる

4 少し冷めたら青菜とカルシウム源をわずかに加える

5 40℃近くに冷めたら、パウダーフードを2ｇ加えてよくかき混ぜて完成

さし餌の与え方

1 育雛室のヒナを敷いてあるキッチンペーパーごと取り出して、膝の上のバスタオルなどの上に乗せる（38ページのイラスト参照）

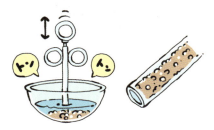

2 容器に給餌スポイトを上下にトントンと押し当てて、3分の1くらいまでエサを入れる（水分も適度に入れるようにする）

ごはん！
ごはん！

3 ヒナの上方から給餌スポイトを見せて、口、食道、そのうが一直線になるようにする

もぐもぐ

4 ヒナがスポイトごと飲み込んだらエサをゆっくり押し出す。この作業を5回くらい繰り返す

パウダーフードを使用する場合

　各フードのパッケージに印刷されている使用量・使用方法を守ってください。

　パウダーフードは栄養価は高いのですが、文鳥にはスプーンではなくシリンジを使うため、水で薄める必要があります。水分を多く摂りすぎると栄養葉が足りず、すぐにお腹が空いてしまいます。

　あわ玉でのさし餌の間隔が2時間だとすると、パウダーフードの場合はその半分の1時間おきにさし餌を行う必要があります。

パウダーフード（左）とあわ玉

さし餌の注意点

さし餌中のヒナの落下防止

　まだ飛べないヒナにさし餌をする時は、安定して落ちついていられるように、膝の上に適当に丸めたバスタオルを置きます。その上にキッチンペーパーやティッシュペーパーに乗せたヒナをおろします。寒さを少しでも緩和し、育雛室と似た状態で安心させること、それから最も大切なのが、ヒナの落下防止のためです。

　巣立ち前のヒナは恐怖を感じると『後ずさり』します。巣の入り口を向いて親鳥を待っているヒナが、何者かに怯えると後ずさりをして巣の奥に逃げ込むのが自然な行動です。さし餌中にも何かを怖がって後ずさりをすることがあります。膝から落ちてしまわないようにバスタオルでガードしましょう。

　初めてのさし餌でヒナの動きを予測できない人も、バスタオルでガードができると少しは楽になるかと思います。

『食滞』ってどんな状態？

　文鳥の食道の一部にある『そのう（素嚢）』と呼ばれる器官の中に入ったエサが、一定時間を過ぎても流れずにその場で滞ってしまった状態を『食滞（しょくたい）』といいます。主な原因は水分不足です。

　エサの量に対して水分が少ないと、そのうの中でエサが固まってしまいます。また、エサの水分が足りていても、環境の湿度が低いと文鳥の皮膚やそのうが乾燥し、機能が果たせずに食滞になってしまいます。

　そのうは通常はごく薄いピンク色のつややかな色をしていますが、乾燥すると白くなりシワが目立つようになります。エサが入っている時にそのうが乾燥して縮んでしまうと、あわ玉の形がくっきりわかるようになります。

さし餌の体勢

　さし餌中のヒナの落下防止と保温のため、膝の上にはバスタオルを丸めたものを敷き、その上にキッチンペーパーごとヒナを置きます。

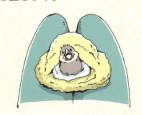

Chapter2

成鳥のお世話

文鳥が気持ちよくさえずったり、水浴びや羽づくろいをする姿は、見る者にも元気やくつろぎを与えてくれます。ずっと健康でそばにいてもらえるよう大切にしたいですね。文鳥の習性を知って、適正なお世話をしていきましょう。

文鳥の1日

毎日、規則正しく生活をさせていると、体のリズムが整って活発になります。

日の出〜午前8時

文鳥の故郷・インドネシアでは、日の出を迎えると体の大きな鳥から活動を開始します。まだ薄暗い早朝は、小さな文鳥にとって敵に襲われやすい危険な時間帯なのかもしれません。野生の文鳥が活動を始めるのは、日の出から約1時間後、周囲がすっかり明るくなってからです。

飼育下では午前8時ごろまでにはケージに掛けた暗幕をはずし、朝の光を浴びさせましょう。ホルモンバランスが整って体調を良好に導きます。

飼い主に取り替えてもらったエサと水で空腹を満たすと、文鳥たちは念入りに羽づくろいを始めます。青菜をほしがるのもこの時間帯です。

午前10時〜

日が高くなり、水がぬるむ時間になると、文鳥たちはケージに用意された水浴び器で水浴びを始めます。

飼い主の都合で特定の時刻に水浴びをさせたい時は、その時刻にだけ水浴び器を用意します。毎日習慣づけることで決まった時間まで待つようになります。

午後1時〜

1日で最も気温の高い時間帯、野生の文鳥は太陽を避けて日陰で静かに過ごします。飼育下でもこの時間帯によく昼寝をしている姿を見かけますが、体調が悪いわけではありません。

午後4時〜

日暮れが近づいてくると再び活発になります。就寝前の腹ごしらえをしたり、数回目の水浴びをすることもあります。

午後7時〜

自然界では日の入りとともに眠りにつきます。飼い主不在で部屋が暗くなると寝ていますが、帰宅すると放鳥を期待して騒ぎ出します。飼い主の食事に付き合うようにケージ内でエサを食べる姿も見られます。

午後9時〜

そろそろ寝かせたい時間です。暗幕（布やカーテンなど）をかけて暗くして寝かせましょう。

「昼寝をしているから平気だろう」と深夜まで起こしておくと、肝臓肥大や脂肪肝になりやすく、短命になる可能性があります。特に疲れていたり、投薬中の場合は、この時間までには寝かせるようにしてください。

8:00　13:00　16:00　19:00　21:00

おはよー　もぐもぐ　ZZZ...

文鳥の1年

　四季のなかで、文鳥たちがいちばん生き生きとしているのは夏です。年間を通して、文鳥たちはどのような生活をしているのでしょうか。

春　〜換羽期〜

　羽の抜け替わる季節です。環境や個体差にもよりますが、2〜6月の間に約1カ月かけて行われます。若い個体ほど一度に大量に抜けて早く生え変わり、代謝の落ちている老鳥は少しずつ抜けて終了まで長く時間がかかります。

　本来、成鳥の換羽は羽が全部生え替わるものですが、抜け変わらない羽が一部残ることもあります。

　換羽期の文鳥は、とてもだるそうに眠っていたり、イライラするようになったりします。触られることを避けるようになり、手に乗らなくなる文鳥もいます。

　換羽が終わると元の状態に戻って、落

ヒナ換羽が終了した生後3カ月の桜文鳥

2度目の換羽を終えた1歳の桜文鳥

ち着きます。換羽中でも普段と変わりのない、おだやかな文鳥もいます。

　ヒナ換羽後の若い個体は、まだ風切羽などにヒナ時の茶色の羽が残っていますが、通常の換羽で成鳥羽に変わります。

夏 ～通常期～

最も体調の安定した季節です。30℃前後の気温で代謝がよく、アイリングとクチバシに赤みが増して美しく見えます。

また、水浴びを何度も行って、そのたびに羽づくろいを念入りにします。ふわふわの羽毛を陶器のように整えて、とらえた光を反射させている姿は、とても凛々しく自慢げです。

秋 ～繁殖期～

気温が下がり始め、日照時間が短くなる9月から、文鳥たちは『繁殖期』に入ります。発情するかどうかは個体の状態によって違いがあり、飼育下の文鳥の半分は発情しないままで過ごします。

文鳥が発情すると気が荒くなり、仲良しのはずの飼い主を威嚇したり、噛んだりすることがあります。文鳥同士のペアでも、相手を追いかけ回すような粗暴な行動をとったりします。片方が発情をしているのにもう片方が発情をしていないことで、気が合わずにケンカになってしまうこともあるようです。

冬 ～繁殖期～

秋からの繁殖期が続いています。発情していない文鳥でも繁殖行動をとりたがり、布やカーテン、家具の隙間に潜んだり、紙くずや紐を集めたりします。

ペットショップなどでは、秋ごろから繁殖を始めた冬生まれのヒナが販売されるようになります。

ケージ選びとレイアウト

奥行きのあるタイプを

文鳥は1羽であれば小さなケージでもよいだろうと思われがちですが、備品をケージ内に設置すると狭くなります。のびのびと羽づくろいをしたり、止まり木上での移動をスムーズに行うためには、それに適した広さが必要になります。

ケージ内の文鳥は、止まり木をピョンピョンと跳ねて移動します。止まり木は最低でも上下に2本はほしいところですが、ケージの奥行きが十分でないと、止まり木同士の間隔が狭くなり、移動ルートが急勾配になります。

また、止まり木と壁面の距離が短いと、翼や尾羽が金網に引っかかって羽づくろ

いが十分にできなくなります。ケージ本体の奥行きが40cmくらいあると、このような不具合は解消されると思います。

ケージの設置場は、人通りの少ない場所に置きましょう。出入り口のドア付近は落ち着かないのでよくありません。

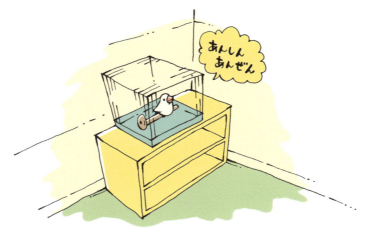

あんしん　あんぜん

ケージレイアウトの見本

※ケージサイズの目安は、幅35×奥行き40×高さ40cm

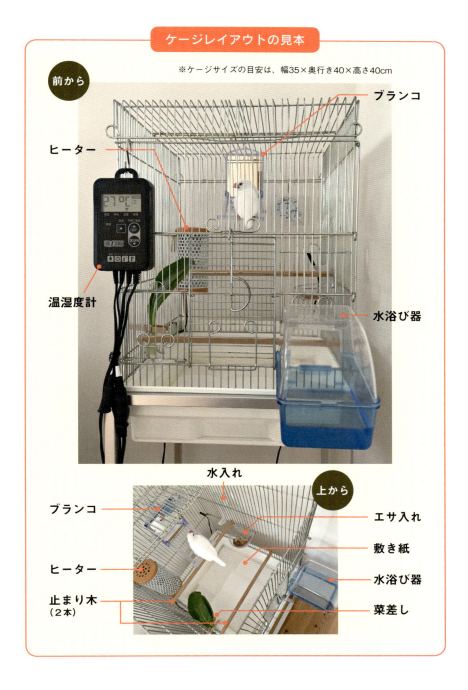

前から

ヒーター

温湿度計

ブランコ

水浴び器

水入れ

上から

ブランコ

ヒーター

止まり木
（2本）

エサ入れ

敷き紙

水浴び器

菜差し

そろえておきたい飼育用品

必ず必要なもの

次に挙げるものは、文鳥を飼育する際に用意してほしいアイテムです。初期費用は高くなりますが、10年に及ぶ飼育ではいつか必ず必要になります。

あとからそろえようと思っていると、成鳥になった文鳥が見慣れぬグッズを怖がってしまい、使用できない場合もあります。文鳥を迎えるときに一緒に準備して、「日常的に見慣れた安全なもの」という認識をもたせるようにしましょう。

水入れ

ケージ付属の水入れは入り口付近にあり、飼い主を観察中の文鳥が滞在しやすい場所です。そのためフンが入りやすく、汚れてしまうため、別の場所に取り付けたほうが安心です。ケージの隙間に挟み込むタイプのものだといろいろな場所につけられます。いくつか取り付けておくと長時間の外出に役立ちます。

エサ入れ

ケージ付属のエサ入れでもかまいませんが、レイアウトの関係で別のエサ入れを用意する場合は、文鳥がクチバシで外したり、ひっくり返したりできないものを選びましょう。

止まり木

直径1.2cmサイズが適正です。まっすぐの止まり木でもかまいませんが、太さに強弱のあるものや自然木タイプのものが、足や体への刺激になってよいでしょう。また、つかみやすいという利点もあります。自然木タイプのものは安全重視で信頼のおけるショップで購入しましょう。

水浴び器

ケージの水入れ器などの扉に付けるタイプが便利です。取り付け部分のサイズはメーカーによって異なりますので、購入する際にはサイズ確認が必要です。ケージの扉に合わない場合もあるので、買う前にショップなどで確認してください。

ブランコ

文鳥が止まり木として認識しているアイテムです。通常の方法でケージに取り付けた時、いちばん上段の止まり木となるため、お気に入りの場所になります。付属の鈴を鳴らしたり、揺らしたり、乗り降りを繰り返して遊んだりします。

菜差し

少量でも安定するタイプが便利です。クチバシが奥に入らないので思わぬ事故も防げます。

ヒーター

ヒナ、老鳥、病鳥、弱った時、冬場に必要なアイテムです。

体重計

0.1g単位で量れるキッチンスケールが便利です。ヒナの飼育時には必須ですが、成鳥になっても体調管理を行えるよう、毎日乗せるようにしましょう。

温湿度計

環境温度や湿度がわからないまま、文鳥を健康に育てることはできません。特にヒナの飼育では重要になります。

文鳥の食餌について

毎日の文鳥の食事

　主食になるエサは、混合シードまたはペレットです。混合シードはたくさんのメーカーやショップから販売されていますが、配合具合はさまざまですので、信用できるメーカーやショップで買うようにします。文鳥用のペレットもいくつか種類がありますが、文鳥専用に開発されているわけではなく、同じ仲間のフィンチ（キンカチョウやカナリアなど）と共用するタイプになります。

　混合シードもペレットも、購入する際は必ず消費期限を確認しましょう。

◆混合シード

　穀類のヒエ、アワ、キビ、カナリーシードの４種をメインに混合したエサです。ヒエは日本独自のエサで、海外の混合シードでは見ることがありません。代わりにニガーシードがよく使われています。

　開封しなければ半年程度はもちますが、もともと湿気を帯びたものは開封時にカビ臭さを感じます。残念ですが、そういうシードは廃棄しましょう。

　混合シードには、『皮つきタイプ』と、初めから皮をむいてある『むき餌タイプ』があります。穀物の栄養成分の多くは皮に近い部分にあるものですので、栄養価は皮つきタイプのほうが高いようです。

◆ペレット

　青菜やビタミン剤を与えなくてもよいように調整されたフードですが、その多くは総合栄養食ではありません。実績のある海外メーカーの場合でも、日本に輸

入されている製品は限られていて、選択
肢が少ないのが難点です。

　日本では文鳥のペレットへの関心はあ
まり高くないのですが、老鳥や病鳥には
シードより消化吸収しやすいので、ペレ
ットも食べることができるようひとり餌
の頃に学習させおくと安心です。

◆塩無添加にぼし

　動物性タンパク質としていちばん与え
やすく、文鳥の好むものです。

　加工する際に真水で茹で上げても、魚
本来の塩分は残っています。商品同士を
比較したいときは、パッケージの背面に
書かれているナトリウム濃度をチェック
します。ナトリウム400mgで約1gの食
塩に相当します。不純物の残りやすい頭
と内臓部分を外してから与えます。

◆ボレー粉

　小鳥のカルシウム源として普及してい
ます。牡蠣殻を粉砕したもので、文鳥に
は通常サイズよりももっと細かく砕いた
ものを与えます。それでも文鳥には消化
吸収が難しく、食べ過ぎると体内に留ま
って健康を害したり、塩分の取り過ぎで
肝機能障害を起こすことがあります。

同様の効果のあるサプリメントも市販
されています。

◆サプリメント

●総合ビタミン剤

　飲み水に混ぜて使う粉末サプリメント
です。シード食の文鳥には毎日与えると
よいでしょう。

●骨格形成用サプリメント

　カルシウムやビタミンD_3がメインで
す。水には溶けないため、エサにふりか
けて使います。ボレー粉より使い勝手が
よいでしょう。

◆青菜・野菜

副食です。文鳥の楽しみのためにも与えます。コマツナ、チンゲンサイ、トウミョウ、スライスしたニンジン、トウモロコシなどを好みます。

注意すべき点は残留農薬です。葉物はよく洗うようにしてください。農薬は文鳥にとっても確実に毒となります。可能であれば、青菜は自家栽培するとよいでしょう。良質なサプリメント併用であれば、青菜を与える回数は週に2回くらいでかまいません。

◆くだもの

ミカン、リンゴ、スイカ、ブドウ、イチゴなどを、週に1回程度与えます。

食べさせてはいけないもの

・観葉植物、販売されていた切り花、パセリなど＝有毒でなくても、農薬やワックスが残留している可能性があります。

・アシタバ、ツルムラサキ、モロヘイヤ、オクラなど＝粘り気によって食滞が起きる危険があります。

・未成熟のくだものや野菜、種全般、

アボカド、フキノトウ、チョコレート、ココア、コーヒー、アルコールなど＝有毒です。

ケージは
文鳥にとっての『聖域』

　以前、鳥を飼ったことのない方から「小鳥をケージに閉じ込めることはかわいそうではないですか？」と聞かれたことがあります。「飼い鳥って周囲からはそういうふうに見えてるんだなぁ。もっと知ってもらう努力をしないといけない」と考えさせられました。

　小鳥を飼った経験のある方ならわかると思いますが、実際のところはそうではありません。放鳥後、ケージに戻された文鳥がプルプルッと尾羽を震わせて、羽の乱れを整えている姿は「家に戻ってリラックスしているんだなぁ」と感じます。文鳥にとってのケージは、閉じ込められる場所ではなく、大切なマイホームであり『聖域』なのです。

　エサや水の交換時は手の侵入を許してくれますが、そうではないイレギュラーな作業をしようとするとパニックになる文鳥は多いものです。

　残念ながら、文鳥の大切な聖域に私たち飼い主は一緒に入ることはできませんが、せめて彼らが心地良く過ごせるよう心がけてあげましょう。

文鳥の衛生管理

ケージまわりの掃除

文鳥は体の小さい鳥ですが、水浴びの際は水を盛大に飛び散らかし、食餌の時はエサを豪快に散らかします。ケージの中も外も1日で汚れてしまうでしょう。

3日も放置するとフンが臭うようになるので、ケージの敷き紙は毎日取り替えます。敷き紙は底に合わせて折った薄いペットシーツや新聞紙などを使うことが多いようです。ペットシーツをクチバシで破いてしまう場合は、中のポリマーを食べてしまう危険があるので使用を中止してください。

ケージ本体や止まり木、エサ入れなどの備品は、週に一度は洗浄します。フンの汚れはお湯を使うと取れますが、洗剤を使って消毒をするときは人間の哺乳瓶用の洗剤を使うと安心です。

止まり木は文鳥がクチバシや顔を拭くタオルの役目も果たします。常に清潔にしておきましょう。

ケージを設置する高さ

ケージは、棚やラックを使って床から1m以上の高さに置きます。床付近は多くのホコリや雑菌が舞っている可能性があるからです。また、文鳥は高いところにいるほうが安心します。

水浴びさせる時の注意点

　文鳥は自分で水浴びをして羽づくろいをすることで、体を清潔に保っています。お風呂で洗ってドライヤーをかけながらブラッシングするといった、犬では当たり前のケアも必要がないので、飼い主はとても助かります。

　通常はケージに取り付けた水浴び器を使いますが、ケージの外で飼い主が水浴びをさせる場合は、清潔で危険性のない容器であれば何でもかまわないと思います。ただし、成鳥になる前から使っていたものを水浴び器と認識する個体が多いので、成鳥になってから別の容器を用意しても怖がって入らないことも多いようです。

　水浴びの水の温度は、室温より低くするのが基本です。「文鳥が寒そうだから」と、ぬるま湯などを使うと、文鳥が羽毛に塗っている水を弾くオイル（尾脂腺から分泌）が流れてしまい、皮膚までお湯が浸透してしまいます。そうなると乾くまでに時間がかかり、寒さで体調を崩してしまうこともあります。

　インターネットなどでは、飼い主の手に乗った文鳥を水道の蛇口の下にかざして、文鳥に水浴びさせている写真や動画を見ることがあります。文鳥もよろこんでいるように見えますが、流水の場合、文鳥自身が行う水浴びよりも皮膚まで水が入りやすくなります。水浴び後には、すぐに乾かすことができるように、環境温度に注意してください。

しっかり
かわかそうね

楽しみな放鳥タイム

サインを教える

1日のなかで文鳥の一番好きな時間は、『放鳥時間』でしょう。

部屋の中に放鳥する時は、ケージの止まり木に止まっている文鳥の胸に手を近づけて、指に乗せてから出すようにします。放鳥の合図として覚えてもらいましょう。これは抜け出しを防ぐための大切

な手順です。また、手を好きでいてもらうための作戦にもなります。

〈放鳥時の安全確認〉

Point 1

窓やドアは閉まっていますか?
網戸は破れやすいうえに、窓との間に隙間ができやすいので、閉まっているからと過信してはいけません。ドアや障子に挟まる事故も多いものです。

Point 2

**セーターやタオルを
出しっぱなしにしていませんか?**
毛糸やループ状のタオル生地にクチバシを引っかけて宙吊りになったり、絡まったりすることがあります。

Point 3

食べ物のクズが机や床にありませんか？

食べてしまうと拾い食いが習慣化してしまいます。

Point 4

電気ストーブや扇風機は安全な場所にありますか？

文鳥が触れないような場所に置きましょう。

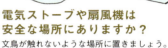

Point 5

鏡や窓にはカーテンなどの布がかかっていますか？

向こう側に行けると思って、飛行したまま衝突することがあります。

Point 6

ダンボールや家具を何層にも積み重ねていませんか？

隙間に落ちてしまうと自分では出られなくなります。

Point 7

洋服やクッションなどが床やベッドの上に無造作に置かれていませんか？

文鳥は物に潜ることがとても好きです。文鳥が潜んでいることを知らずに踏んだり、座ってしまったりしないように、あらかじめ片づけておきましょう。

室内に潜む危険

気をつけたい『中毒』

　今まで元気だったのに突然亡くなったり、原因不明のまま少しずつ具合が悪くなっていくなど、飼い主が気づかない怖さがあるのが『中毒』です。

　急性中毒には、突然のけいれんや呼吸困難が見られます。大変危険な状態ですが、すぐに病院で適切な治療を受けることで、助かる可能性は高くなります。慢性中毒は肝機能障害の影響で、羽毛、クチバシ、爪などに変形が見られます。

　肝臓の回復には、1年、2年と長期の投薬が必要になる場合があります。

◆界面活性剤

　台所洗剤、洗濯洗剤、基礎化粧品、シャンプーなどに含まれます。口にすると喉や消化器官の粘膜を傷つけ、重症化します。微量であっても肝機能障害を起こす可能性があります。

　ハンドクリームなどを塗った手で、文鳥に接することは厳禁です。どうしても使いたい時は、界面活性剤不使用の商品を使用しましょう。

◆フッ素樹脂加工(PTFE)

　フッ素樹脂は非粘着特性をもち、フライパン、オーブン、ホットプレート、アイロンなどの焦げつき防止に使われています。200℃以上の高温で熱すると劣化し始め、300℃に近い高温になると有毒ガス『ポリテトラフルオロエチレン』を発生します。そうなるともちろんヒトも危険ですが、同じ部屋にいる文鳥はほぼ即死でしょう。このような調理器具は、「正常な温度範囲で使う」「空焚きしない」「使用中使用後もしばらくは換気をし続ける」などの注意をしましょう。

　文鳥のいる部屋では、こうした製品を使わないのが一番です。普段からキッチ

ンと文鳥の部屋は分け、使用する時はこのような危険があることを思い出して、万全の策をとってください。

◆鉛

アクセサリー、オモチャ、ワインのキャップシール、ハンダなどに含まれます。子どもの誤飲事故や鉛弾の入った肉を飲み込んだ猛獣・猛禽類の中毒死は後を絶ちません。

文鳥が好んで鉛を食べることはありませんが、オモチャなどに含まれる微量な破片でも致命的になることを覚えておきましょう。

◆有機溶剤

シンナー、塗料、接着剤、マニキュアなど、強い匂いのする揮発しやすい液体です。わずかな量でも長期間さらされていると、文鳥は中毒を起こします。住居外壁のペンキの塗替えで文鳥が亡くなった事例もあります。

自宅のリフォームなどがある場合は、信頼できるショップや知人に、最短でも工事期間＋1週間程度預かってもらうなどの対策をとります。

◆タバコ、アルコール

受動喫煙、飲酒はさせないでください。

◆殺虫剤

「ペットや赤ちゃんも大丈夫」という低刺激性の蚊取り用の薬品もありますが、体の小さな文鳥には、後々どんな影響が出るかわかりません。

◆有毒植物

ポトスなどのサトイモ科の植物、アサガオ、アジサイ、スイセンなど、文鳥が口にすると危険な植物はたくさんあります。農薬が残っているリスクもあるため、観葉植物、観賞用の花はすべてNGと考えたほうがいいでしょう。

季節ごとの管理

春のケア

　真冬に比べると、少しずつ気温は上がってきますが、文鳥にとってはまだ寒さを感じる季節です。明け方など環境温度が20℃を下回る時間があるときは、ペットヒーターで対処します。

　換羽が始まると、ケージの周りには抜けた羽が舞うようになります。生えてきた羽軸のさやがほぐれてできた粉も気になります。不衛生にならないよういつもよりこまめに掃除をしましょう。

夏のケア

　日本の夏は、文鳥の得意な季節です。日中の暑い時間帯にエアコンで温度調節をする場合は、エアコンの設定温度ではなく、室内に設置した温度計が28℃以下にならないようにします。文鳥だけの部屋であれば30℃が最適ではないかと思います。日中の最高温度が33℃、最低温度が25℃程度であれば、エアコンを使わなくても問題はありません。

　ただし、エアコンなどで空調管理された環境から、突然エアコンのない環境にケージを移動させるのはやめましょう。地域にもよりますが、夏をエアコンなしの環境で過ごさせるためには、気温の上がり始める5月中旬ごろから徐々に環境温度の上昇に慣れさせる必要があります。

　また、病気療養中の個体や老鳥は、暑さ寒さには弱いものです。エアコンを使って適温を探り、疲れさせないようにしましょう。

秋のケア

　繁殖期の文鳥は、オスメスともに放鳥中にいろいろな場所に潜んでしまいます。これは繁殖行動のひとつです。呼んでも出てこないことがあり、いなくなったと思って家族で大捜索することもあります。放鳥中は目を離さないのが原則です。

　メスは発情すると体内に卵をつくります。『卵詰まり』（91ページ参照）や『卵管脱』（97ページ参照）など、重篤な状態になる危険があるので、できるだけ繁殖以外での発情はさせないようにしましょう。

　特に手乗りのメスの1羽飼いは、飼い主を好きになってたくさんの卵を産み続けることがあります。体を低くして尾羽を小刻みに震わせるのは、「交尾OK」のサインです。このポーズを見かけたら、それ以上発情を促すことがないように、手に包んだり、背中をなでたり、ほおずりしたりしないようにします。

冬のケア

　低温低湿の冬は、文鳥にとって過酷な季節です。特に明け方の低温は簡単に死に至らしめます。室温20℃前後で羽毛を膨らませて寒そうにしている場合は、体調が悪いと思われます。25℃まで上げて、それでも寒そうであれば、かなり弱っていると思われますので、体力が落ちないうちに動物病院を受診するようにしてください。

　空気も乾燥しがちです。湿度は60%くらいに保つようにします。

老鳥の生活とケア

文鳥の寿命は？

　文鳥の寿命には個体差がありますが、一般的に平均7〜8歳といわれています。骨格のしっかりした大きな個体や、飼い方がその個体に合っていた場合、10歳以上生きることもあります。著者が知る限りでは19歳が最長です。

　長生きの秘訣は、適切な環境や食生活はもちろんですが、『文鳥がいつも安心していられるようにする』です。「大好きな飼い主（パートナー）に必要とされていると確信する」「一緒にいられる時間が楽しい」「安心していつもと同じ毎日を過ごすことができる」などができると、文鳥が長生きするように感じます。

寒さに注意

　人間同様に、文鳥も歳をとると筋肉量が落ち、体温維持が難しくなります。消化吸収も低下してくるので、これまでと同じ量を食べても、摂取できるエネルギーや栄養価が不足してしまいます。

　夜中に起きて食べる苦労をできるだけしなくてすむように、保温して外からの体温維持に努めましょう。羽毛を膨らませるようになったら30℃に保温して、湿度を60％程度に保ちます。

レイアウトの変更

・ケージのフンキリ網の上にペットシーツなどを敷く。
・止まり木は可能な限り低い位置に2本並べて付ける。
・水入れは、体が落ちてしまわない小さいものに変える。
・エサ入れは浅くて広い容器に替え、エサを大量に入れておく。
・温度と湿度のチェックは必須。

・・・・・・・・・・・・・・・・・・・・・・〈老化のサイン〉・・・・・・・・・・・・・・・・・・・・・・

クチバシが伸びたり、
咬み合わせがずれる

白内障に
なりやすくなる

羽毛の
コシがなくなる

爪がねじれる

行動の変化

個体差はありますが、文鳥が老化すると、次のような行動の変化が表われるようになります。

- 脚に力が入りにくくなる
- 跳ねなくなる
- 止まり木に止まれなくなる
- 飛べなくなる
- 夜中もエサを食べるようになる

- 下痢をしやすくなる
- 体重が落ちる
- 眠る時間が長くなる
- 警戒心が強くなる
- 飼い主を頼るようになる

老鳥へのごほうび

　著者の家の文鳥は10歳近くになってくると、健康状態の確認や爪切りの回数を増やすなど、こまめなケアが必要になります。同時に「ケージはどうしようか」と毎回考えるのですが、そのたびにたどり着くのは『可能な限り現状維持』です。

　老化が進むと飛ぶことができなくなり、眠る時間が増えてぼんやりとしているように見えますが、気持ちはいままで通りの『好き嫌いのはっきりした文鳥』です。昨年亡くなった老鳥は、最後の1カ月間はほとんど寝ていましたが、残りの1週間は私の手の中にいることを望みました。「危険だな」と思うときはケージ代わりのキャリーに戻しましたが、白内障でよく見えない目で私を追いかけ、扉にくっつくようにして「ケージから出たい」と訴えていました。そういうわけで片手に文鳥を握ったままで家事をすることもよくありました。これだけ『好き』の感情があるのですから『嫌い』ももちろんあったでしょう。今考えると保温のためとはいえ、部屋に1羽で寝かされていた夜はとても寂しくて嫌いだったかもしれません。

　長生きしている老鳥の生活環境は、その個体にとっての『好き』の集大成ではないかと思います。ここで環境を変えるのは申し訳ない気持ちになります。長く生きたごほうびとして、老鳥には『好き』のなかに居続けさせてあげたいと思うのです。

手乗りの魅力

手乗り文鳥と暮らしている飼い主の感覚は、好きな相手と暮らしている感覚と似ています。こちらに心を開いてくれている文鳥に、感謝の気持ちで接しましょう。意外なシーンで頼りになるのも手乗りの魅力です。

手乗り文鳥とは

文鳥が手に乗る理由

　文鳥は、私たちの顔を「自分たちと同じ顔」だと理解しています。ヒナにさし餌をしていると、見慣れた給餌スポイトにではなく、ヒトの口に向かってねだる時があります。一度も口からエサをあげたことがないにもかかわらずです。ヒトを親鳥だと思って、信頼しきっているのでしょう。

　手乗りは『芸』ではありません。大好きな飼い主のそばにいるために手に乗るのです。肩では飼い主の顔がよく見えません。膝では遠すぎます。本当は顔にくっついていたいのです。ですが、それは難しいため『手』に乗るのです。

　このような手乗り度100%のヒナが、手乗りでなくなることがあります。原因は飼い主にあります。ひとり餌になった文鳥に、飼い主が距離を置いてしまうことで、文鳥はひとり立ちをしてしまうのです。

文鳥の学習期
（幼鳥・生後30日〜生後4カ月頃）

　この時期は、文鳥の生き方を左右する大切な時期。よく馴れた手乗りでいてほしいと思ったら、学習期の間はできる限り寄り添ってつき合う必要があります。

　文鳥はさまざまな状況を学習して、自

分のものにしていきます。ケージ、エサ、水浴び、ブランコ、それから生活時間など、生きるために必要なすべてを臆することなく学習します。

　もちろん野生の文鳥にも学習期はあります。このあと親鳥と離れて暮らすわけですから、生き抜いていくために可能な限りを学習するのは当然のことです。ヒトでいうと成人するまでの20年間がこの3カ月に詰まっているというわけです。学習させたいことや慣れさせたいことがあれば、この時期に教えます。

##

　親鳥は幼鳥を無視したり、追い払ったりしながらひとり立ちさせていきます。飼い主が「もうひとり餌になったから楽ができるわ」と距離をおく行為は、幼鳥をひとり立ちさせる親鳥と同じです。そして、幼鳥のほうも親離れは当然のことと、あっさり諦めてしまうのです。もちろん親鳥が追い払わなくても、勝手にひとり立ちする幼鳥もいるかもしれません。

　幼鳥が離れていかないようにするには、飼い主は今まで以上に一緒にいて仲良くする必要があります。そうしながら、飼い主に対する認識を、親からパートナーにすり替えていくのです。

　手乗りの努力をするのは文鳥ではなく、飼い主なのです。

信頼関係を築くには

信頼は環境整備から

　自然界では、親鳥と別れた幼鳥は、兄弟や月齢の近い仲間同士で暮らし始めます。そして、そのなかから気に入った相手を将来のパートナーに選びます。

　ここで、「うちには文鳥と自分しかいないから大丈夫」と考えるのは間違いです。同じ年頃で健康な文鳥同士でも、ペアになる確率は50％もありません。気に入らない相手とはケンカになってしまうため、1つのケージに入れることさえできないのです。

　このような気難しい一面をもつ文鳥に、ヒトがパートナーとして認識してもらうにはどうしたらよいのでしょうか。

余裕のある生活を

　まずは下準備から始めます。文鳥がパートナーをつくりたくなる環境を用意しましょう。方法は簡単です。日々の生活を不安のない状態にするだけです。

　毎日の起きる時間、エサの交換時間、放鳥時間、寝る時間を決めて、文鳥が迷ったり、困ったりしないようにします。

　生活や気持ちに余裕ができた文鳥が次に何をするかというと、さまざまなものに興味を示して遊び始めます。文鳥の遊びの多くは将来の繁殖行動につながります。そこに飼い主が登場というわけです。

魅力的な『異性』になる

　文鳥のなかには、もしかすると今まで一緒にいた飼い主に、すでに恋心を抱いている個体がいるかもしれません。飼い主は『親』のような気持ちから卒業して、その文鳥とは初めて会った『異性』のような気持ちで接しましょう。

　さらに、「対等に接する」「怒らない」「叱らない」「放鳥中はそばにいる」「よく話しかける」「優しく柔らかく接する」などで、文鳥の信頼度は高まります。

2羽目を
手乗りにするには

　手乗りに育てる方法のすべてを抜かりなくがんばっても、なかなか成功しないのが「多羽飼い」における手乗りです。

　もちろん文鳥に対して嫌なことはしていないのですから、そこそこの手乗り度は保ってくれると思います。しかし、複数の文鳥を飼育している場合、ヒトがパートナーといえる存在になるのは難しいかもしれません。飼い主ががんばるように、ほかの文鳥もがんばるからです。文鳥の場合、多羽飼いはそれだけのライバルを増やすことになります。

　飼い主が出かけている時間が長いと、その間に文鳥同士でペアになることはよくあります。そうなると飼い主の出る幕はなくなってしまいます。コミュニケーションが同じくらいとれるのなら、長い時間一緒にいたほうが有利なのです。

　このような残念な結果にならないよう、初めて文鳥を飼う場合は1羽飼いをお勧めします。最初の1羽をしっかり自分のパートナーにして、そのあとに新しい鳥をお迎えするとよいでしょう。しばらくは先住の文鳥の姿を見せないようにして、放鳥も別にしましょう。

文鳥の感情表現とコミュニケーション

気持ちを理解してあげよう

「名前を呼んだら向かって飛んでくる」「どこかに行こうとすると、必死になって追いかけてくる」などなど、このようなかわいい行動は文鳥のペアに見られる自然な姿です。文鳥との暮らしが楽しい理由のひとつに、コミュニケーションのとり方がヒトと似ているという点が挙げられます。

文鳥が飼い主を『誘導』する理由

文鳥が飼い主に何かを伝えたい時、誘導して知らせることがあります。例えばケージに戻りたい時は、どこかから肩に飛んできて、飼い主が気づくとすぐさまケージに飛んで行きます。いつもの場所で水浴びをしたい時は、飼い主が見ている時にケージと水浴び場所を往復します。

誘導する文鳥には成功体験のようなものがあるのでしょう。飼い主の反応を見ながらどうすれば伝わるのか工夫をしていると思います。けれども『ながら放鳥』をする飼い主は少なくありません。信頼関係が強まるチャンスを見逃さないよう

にしましょう。

文鳥の声に耳を傾けて

何かひとつでも飼い主への気持ちが通じたことがわかると、文鳥は自信をもってさまざまなことを伝えようとしてくれます。逆に「飼い主に伝わらなかった」と感じると、文鳥はコミュニケーションをとることをあきらめてしまいます。

文鳥をよく観察して、ちょっと変わった行動をとった時は、「何か言っているのではないか」と考えてみてください。

鳴き声による感情表現

「チッ！」「ピッ！」

通常の鳴き方である『地鳴き』です。ひとり言をつぶやくように鳴くこともありますが、主に「呼びかけ」と「返事」に使います。2羽ですばやく鳴き交わすと「ポピポピポピ」と聞こえます。感情的な大きな声で鳴きつづけると「キャン！キャン！」と聞こえます。メスの発情時の呼び鳴きです。

「チーヨ チーヨ ホピホピホピ…」

オスの10秒程度の『さえずり』です。個体によって鳴き方は変わります。求愛やなわばり主張などに使います。

「キャルルル」

クチバシを開き、首を左右に振りながら相手を威嚇するときの声です。1羽飼いで大切にされていると威嚇する相手がいないので、ケージ内のブランコなどを威嚇している時があります。

「ギュ〜 ギュ〜」

文鳥がどこかに隠れている時、自分の居場所を好きな相手に知らせて呼んでいる声です。

文鳥が嫌いなこと

こういうのは嫌い

　自然界では、文鳥は捕食される弱い立場です。何かに襲われて命を落とさないよう、いつも警戒しながら暮らしています。飼育下でもその習性は変わりません。

　いちばん嫌いなことは、「追いかけられること」ではないでしょうか。突然何かが目の前に現れたり、ビニール袋などがガサガサと音を立てるような『気配』も嫌がります。

　そして、「握られること」、つまり捕獲されそうになることも嫌いです。パートナーになっている相手に握られて幸せを感じる個体もいますが、普通は激しく抵抗します。強気で態度の大きな文鳥ですが、とても警戒心の強い、怖がりな生き

文鳥が嫌いなこと

- ・目の前に突然何かが現れる
- ・追いかけられる
- ・握られる
- ・大きな音（声）や振動
- ・ガサガサする音
- ・爪切り
- ・知らない飼育グッズ
- ・汚れた飲み水

ものだということを覚えておきましょう。

　また、「汚れた水」も嫌います。飲み水が汚れていると、羽毛がボサボサになって、脱水症状になっても飲まないでガマンしている個体もいます。

嫌がることへの対処法

◆気配

　文鳥がいる部屋への飼い主の入室は、通常は足音などで察知してくれますが、ドアが動くことに毎回恐怖を感じる文鳥もいます。開ける前に声をかけるといいでしょう。床の上には、うっかり蹴ったり踏んだりして音が立つものは置かない

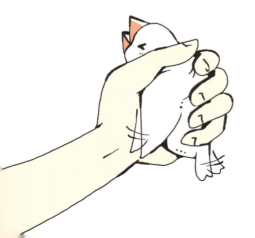

ようにします。

　日中でも窓ガラスはレースのカーテンなどを閉めて、安心感を与えます。

◆飼育グッズ

　学習期に慣れさせておくのがベストです。キッチンスケールでの体重測定は日課にしましょう。ときどきキャリーで過ごさせたり、水入れなどを別のものと交換したりします。

　「飼育グッズはいろいろなものがある」と学習をすれば、成鳥時に初めて見たものでも受け入れやすくなります。

爪切りのしかた

　爪切りは、ほとんどの文鳥が苦手です。爪切りと同時に、手から逃げ出した時に追いかけられた恐怖を強く記憶しているのではないかと思います。信頼関係を築いて、握られる

ことに慣れさせておきましょう。

　また、一度手から抜け出たら追わないようにします。恐怖を植え付けないように、1日に1本ずつ切っていくとストレスは少ないでしょう。

文鳥の首を人差し指と中指ではさんだら、その指の背を両アゴの下に引っ掛けて、持ち上げるように上方に伸ばします。このように首を伸ばされた文鳥からは下が死角となって見えないので、比較的おとなしくしています。

爪は親指と薬指で押さえます。ケガをさせないように、反対側の手も使って切りやすいようにつま先を持ち直します。切る場所は血管の先端から爪先に向かって2mmあたりですが、慣れないうちは先端だけにします。

これって文鳥の問題行動？

文鳥はたった約25ｇの小さな体です。力いっぱい噛まれても手当が必要になることはありません。けれども、理由のわからない行動は少し不安になりますね。気になるあれこれについて紹介したいと思います。

CASE 1

巣立ち前のヒナが、そのうがいっぱいになるまでさし餌を食べても、まだねだるように鳴いている

この時期のヒナは、本来は親鳥やきょうだいと一緒に巣の中にいるのが普通です。さし餌の後に1羽で育雛室に戻されて、不安になっているのだと思います。

ヒナの上からティッシュペーパーを1枚そっとかぶせてあげてください。背中が覆われると安心して眠り始めると思います。

CASE 2

1カ月半を過ぎてもさし餌をねだる

文鳥は時期が来るとあっさりひとり餌になります。さし餌をねだっているのは、体に必要だからです。「自分でまだ十分な量のエサを食べられない」「毎日のさし餌の量が足りない」「成長が遅く、まだ生後1カ月くらいの発育状態である」などが主な原因でしょう。ほしがるだけ与えてください。

CASE ③

ケージに入らない

　毎日同じ時間に放鳥して同じ時間に戻していると、まだ外で遊びたくても同じ時間になると手に乗って帰るようになります。

　しかし、飼い主のきまぐれで放鳥時間がまちまちだと、文鳥はルールを覚えることができません。ケージに入れる時は「お家に帰るよ」など、決まった言葉をかけてから手に乗せてください。

　２回以上、手から逃げられたときは、10分ぐらい時間をあけてから同じように誘い直してください。

CASE ④

エサをいつもよりたくさん食べている

　寒いのではないでしょうか。体温維持のために食べる量が通常の２倍になることもあります。そういうときは真夜中でもよく食べます。食べ続けているような状態であれば、内臓に負担がかからないよう、ペットヒーターなどで保温してください。

　寒くなくても、繁殖期にはたくさん食べるようになることがあります。

CASE ⑤

水をたくさん飲んでいる

　さし餌中のヒナがエサを食べられず、給餌スポイトから水ばかり吸って飲んでいる時は命に関わる状態になっていると思われます。一刻も早く獣医師に診せてください。

　成鳥の場合は、「塩分の多い何かを拾って食べた」「ボレー粉を食べすぎた」などが考えられますが、病気による症状の可能性もあります。

CASE ⑥

放鳥時のフンが多い

　文鳥は、30分に1〜2回程度のフンをします。放鳥中は体を軽くして飛ぶために、ケージ内よりフンの回数が多くなります。緊張するとますますその回数は増えます。

　まれにトイレトレーニングのようなことができた文鳥がいますが、通常は不可能です。小鳥はフンを頻繁にするものだと思って、その都度ティッシュなどで拭き取っていきましょう。

CASE ⑦

フンを食べる

　ミネラル不足になると、食糞をするようです。サプリメント、野菜、ボレー粉などで栄養状態を整えてください。

CASE ⑧

ヒトの手のささくれを食べる

　動物性タンパク質を欲していると思われます。とはいえ、ひっぱってちぎるという遊びの要素が大きいので、動物性タンパク質が満たされたらやめるというわけでもなさそうです。これは覚えさせないようにしましょう。

CASE ⑨

しつこく噛みつく

　学習期の幼鳥は、いろいろなものを噛むようになります。クチバシを器用に使うための練習です。飼い主を強く噛むのもこの一連です。

　成鳥が噛んでくる時の多くは、飼い主にかまってほしいと不満を訴える場合が多いようです。逆に嫌いなヒトを追い払うために、威嚇しながら噛むケースもあります。

CASE ⑩

ケージの底に敷いてある紙を激しく引っ張ったり、破ったりする

　暴れているわけではなく、通常の巣づくり行動です。エサ入れや止まり木に引っかかったり、文鳥の生活に支障をきたすような状態なら、紙は敷かないでおきましょう。

CASE ⑪

いつまでも水浴び器に浸かっている

　外付け水浴び器に浸かっていたがる文鳥は多いものです。飼い主にできるだけ近い場所でありつつ、巣のような閉鎖された空間が気に入っているのだと思います。体が冷えるまで入っている文鳥はいませんが、心配なら外しておきましょう。

お出かけをしよう

『お出かけ』に慣れる

　飼われている文鳥も、家の外に出る時があります。たとえば通院や旅行、引っ越しなどです。そんな機会はまずないだろうと思わないでください。健康でも定期検診は必要ですし、そしていつどんな災害が起きるかわかりません。

　「もし文鳥がケージから出てしまったらどうするの？」と思うかもしれませんが、飼い主が細心の注意を払うことを忘れなければ可能です。

学習期に経験させる

　飼い主を信頼している文鳥でも、成鳥になってからでは恐怖を感じるでしょう。キャリー本体も未経験だとさらに恐怖心をあおり、中に入るだけでパニックになります。移動中の揺れや傾きも恐ろしく感じるでしょう。

　キャリーの中で暴れてしまい、クチバシが白く傷ついたり、血をにじませたりすることもあります。このような事態を防ぐためにも、学習期に経験をして慣れておくと安心です。

飼い主自身も慣れること

　ここで忘れてはいけないのが、文鳥を連れてのお出かけは、飼い主も初めてだということです。想像もしなかった出来事に遭遇するかもしれません。自信のない間は近距離にしたり、家族や友人と２人体制で出かけるとよいでしょう。それでも問題が起きたらすぐ帰ります。

　お天気の良い暖かい日に出かけて「いい体験だった」と思ってもらえると、文鳥もお出かけが好きになります。学習期が厳寒期にあたる場合は、家の中でキャリーに慣れてもらうだけにします。

〈お出かけに必要なもの〉

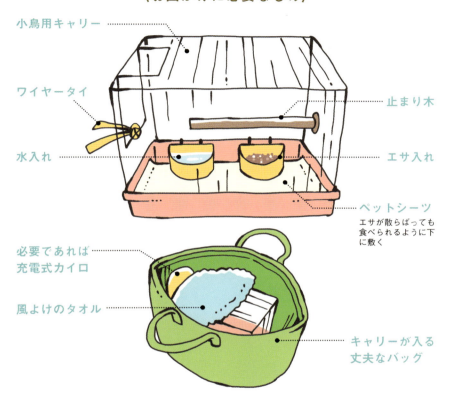

小鳥用キャリー

ワイヤータイ

止まり木

水入れ

エサ入れ

ペットシーツ
エサが散らばっても
食べられるように下
に敷く

必要であれば
充電式カイロ

風よけのタオル

キャリーが入る
丈夫なバッグ

お出かけ中の注意点

・移動中は絶対に扉を開けない（ワ
　イヤータイなどで結んで固定する）
・一時も目を離さない
・寄り道はしない
・途中で予定を追加しない
・使い捨てカイロは酸欠になるので
外側に貼る

成鳥（荒鳥、手乗りくずれ）の馴れさせ方

『荒鳥』ってどんな鳥？

　昔は、捕獲したばかりで飼育環境に慣れていない、扱いの難しい鳥を『荒鳥』（あらどり）と呼んでいました。しかし、現在は手乗りが主流になっているため、荒鳥はほとんど市販されていません。今は『親鳥に育てられ、人にまったく馴れていない鳥』を指しています。

　ヒナを育てる自信がないけれど、文鳥と暮らしたいという方は、成長した文鳥を迎えるといいかもしれません。

ゆっくり時間をかけて

　このような成鳥を迎える時は、最初から「手乗りにしよう」などとは思わないでください。見知らぬ相手から並々ならぬ闘志が伝わってきたら、文鳥は恐怖しか感じないでしょう。3カ月くらいは、一緒に暮らしてくれるだけで満足だと考えましょう。

　押しつけやトレーニングもNGです。文鳥に『仲良くなりたい気持ち』をどれだけ信じてもらえるかが鍵となります。

ヒトには馴れるの？

　ペットショップでは、手乗り用のヒナがそのまま育った個体が売られていることがあります。このような鳥は『手乗りくずれ』と呼ばれることがあります。

　月齢が高くなればなるほど手乗り度は下がっていき、興味の対象はヒトではなく文鳥に移ります。しかし、元々はヒトがさし餌をしていた文鳥です。ヒトへの不信感はあっても、荒鳥ほどの拒絶感はありません。楽しく優しく接することで、少しずつ心を開いてくれるでしょう。

〈成鳥（手乗りくずれ）の馴らし方〉

第1段階

とにかく怖がらせない

・しばらくは放鳥しない
・可能な限りケージのそばで寄り添う
・夜寝るときも同じ部屋
・毎日、ケージ越しに優しく名前を呼んで覚えてもらう
・文鳥のいる部屋に入退出するときは、必ず声をかける
・鳴いたらチャンス！ 文鳥の顔を見ながら返事をして、『コミュニケーションがとれる相手』だと信じてもらう
・ケージに顔を近づけても怖がらずに、飼い主の顔を見て話を聞くようになるまで続ける

第2段階

接触は文鳥から

・夜、時間帯を決めて30分くらいケージの扉を開けておく
・怖がって出てこなくても、時間が終了したら扉を閉める
・毎日いつ、どのくらいの時間に扉が開くのかがわかると、文鳥の警戒心が薄れていく
・文鳥が自分から出てくるまで、毎日繰り返す
・出てくるようになったら、こちらからは行動を起こさず見守って、お腹が空いてケージに帰ったところで扉を閉める

　これをできるだけ毎日繰り返します。第2段階中も、第1段階での内容は継続して信頼度を高めてください。

　ケージから出てきた文鳥が2時間過ぎても帰らないようであれば、部屋の照明を消して暗くなったところで、両手でそっと捕まえてケージに戻します。

　飼い主があまり動かずじっとしていると、放鳥中の文鳥が近寄ってきて、頭に乗ったり肩に乗ったりしはじめます。すぐには手を出さないで、その状況が日常になるまで待ってください。

　ここまで文鳥が心を開いてくれれば、あとはどんどん仲良くなってくでしょう。手のひらを怖がるようなら手の甲に乗せるなど、文鳥の様子をみながらスキンシップをとっていきます。

　馴れるまでは最低1年はかかるつもりで、焦らないで信頼関係を築きましょう。

歳をとるほど賢くなる？

4歳ごろから
個性が表れる

1～2歳の文鳥は、活発ですばしっこい小鳥らしいイメージですが、4歳を過ぎると少し落ちついて、それぞれの性格がはっきりと表れるようになります。

歳をとると動きがゆっくりになるので、飼い主も文鳥を観察しやすく気持ちをより理解できるため、的確なコミュニケーションが可能になるからでしょう。

飼い主との
コミュニケーション

鳥は動体視力が良いので、一瞬見ただけで多くの情報を得ることができます。

若い文鳥は、好きな飼い主であっても、じっと目を見つめることはあまりしません。ぱっと見ただけで自分自身が納得してしまうからです。しかし、歳をとった

文鳥は、飼い主がじっと見つめると、同じように見つめ返します。それがヒトの求めるコミュニケーションのひとつだと学習したのではないかと思います。

時間を共有していく間に、文鳥は飼い主の行動や生活スケジュールも覚えていきます。シーンに合った行動をとる姿はとても賢く、頼もしく感じます。

飼い主に指図する？

規則正しい生活をさせている文鳥は、就寝時刻が近づくと自分から寝る体制に入っていくようになります。

若い鳥はまだまだ動き回っていますが、4歳過ぎた文鳥は、食餌をすませ、羽づくろいをすませると、止まり木でじっとして、ケージに布を掛けられるのを待っています。10歳くらいになると、飼い主に向かって「時間だから寝かせてくれ」とでもいうように、大声で「チッ、チッ」と鳴いて知らせる文鳥もいます。

いつも見守ってくれるのは
いつの間にか
飼い主より大人になっている文鳥

文鳥の『てんかん様発作』ってなに？

　文鳥のなかには何かに驚いた時に、『てんかん様発作』を起こす個体がいます。突然腰が抜けたように動けなくなって、呼吸が荒くなったり、苦しそうな声をだしてバタバタと暴れたりします。

　著者は文鳥たちとは50年くらいのつき合いになりますが、最初の10年間は文鳥のてんかん様発作は見たことがなく、初めて見たのは著者が成人してからのことでした。

　原因は「心臓の異常」や「脳の異常」といわれていますが、文鳥の場合はそれに関する病を患ったというより、成長過程において適切な強い刺激が得られなかったために、刺激に対する反応機能が未発達なのではという気がしています。

　実家で文鳥と暮らし始めたころは、昼間は窓の外にケージを吊るしていて、寒い時と夜間だけ部屋の中に置かれていました。今思うと、カラスやヘビに狙われるとても危険な状態でした。しかし、それとは別に、毎日外界の刺激を受けて、ストレス状態に強くなっていったのではないかと思うのです。

　なんとなくそう思い始めてから、わが家では『幼鳥のお出かけ』は必須イベントとなりました。現在はてんかん様発作を起こす文鳥はいませんが、これから先も老鳥になると発作が出る個体はいると思います。老鳥にも無理のない範囲の刺激が必要なのかもしれません。

文鳥の健康管理

小さな体で元気いっぱいの文鳥。ケージの外ではビューン
と飛んだり丸くなったり、さまざまな姿を見せてくれます。
そんな文鳥も病気になることがあります。しっかり観察を
して変化を見落とすことのないようにしましょう。

体のしくみと部位の名称

〈体の名称〉

クチバシ

おもに種子食ならではの太くしっかりした形です

鼻孔

クチバシ上部の付け根にある小さな穴です。嗅覚はあまり発達していないようです

目

広い視野と豊かな色彩感覚、優れた動体視力をもっています

アイリング（眼瞼輪）

まぶたの縁にある赤い輪です

外耳孔

耳の穴です。羽毛に覆われていて普段は見えません

羽毛

年に1〜2回新しい羽毛に生え変わります

そのう

食べたエサを一時溜めておく場所です

胸筋

おもに飛ぶために使われる筋肉で、体重の20％程度を占めています

脚

あしゆびは、前3本、後1本の『三前趾足』です

爪

タンパク質でできています

総排出腔

フン、尿、卵・精子を外に送り出すための糞管、輸尿管、生殖輸管をまとめた器官です

尾脂腺

アポクリン腺の一種で、脂肪分の多い皮脂を分泌します

雌雄の見分け方

文鳥の雌雄判別はとても難しく、容易に判断することはできません。一般的に骨格や各パーツがガッシリしているほうがオスです。遺伝によるところも大きく、ガッシリした家系のメスと、ホッソリした家系のオスとでは、メスのほうが大きくなってしまいます。

同じ親から生まれた個体同士であれば、雌雄判別はしやすいかもしれません。

クチバシとアイリング

オス—赤みが強く、厚みがある
メス—赤みが薄く、細い

頭の形

オス—頭頂部がガッシリして平たい
メス—丸みをおびている

脚

オス—内股気味
メス—開き気味

鳴き方

オス—さえずる
メス—さえずらない

目の形

オス—大きな楕円形
メス—小さな円形や紡錘形

※見分け方の例です。当てはまらない個体もあります。性成熟をしていない幼鳥は除外します。

基本的な動作

クチバシ

　文鳥のチャームポイントのひとつが、赤いクチバシです。血液が透けて見えていて体温を感じることができます。巣づくりや羽づくろいなどの際にとても器用に使います。

舌

　唾液で潤っています。エサを食べた後にクチバシを舐めていることがあります。先端が角質化していて、先が毛のように割れて見えるときもあります。

目

　目を閉じる時は、まぶたが下から上に上がります。まぶたと眼球の間には薄く半透明の瞬膜があり、水浴びをするときには閉じています。

アイリング

　クチバシの赤味と関連しています。体調のすぐれない時や換羽中は薄い色になります。文鳥同士がケンカをする時は、相手のアイリングを狙います。噛まれた部分は潰れて白くなってしまい、元には戻りません。きれいな赤いアイリングは強さの象徴です。

羽毛

体を保温・防護するためや、コミュニケーションに使います。文鳥は熱帯の国の鳥なので、腹部は羽毛の生えていない部分が多いです。怒ったり不機嫌だったりすると頭の羽毛がふんわり逆立ちます。オスの求愛時には、お腹の羽毛を膨らませて体を大きく見せます。

脚

頭や頬を素早く掻くことができます。通常の移動はピョンピョンとホッピングしますが、天井の低いところでは素早いウォーキングをします。ケンカをするときは羽ばたきながらキックもします。垂直に止まったり、ぶら下がったりすることはできますが、物をつかんで持ち上げることはできません。

胸筋

力強く飛ぶために必要な筋肉です。やせ始めると、さわってわかるくらいに減少していきます。

尾脂腺

ここから分泌される油を、羽づくろい時にクチバシで取って羽毛の表面に塗ることで、防水・防汚・保温効果を高めることができます。

そのう

首の付け根にある食道の一部で、エサを温め、ふやかしてから胃に送ります。そのうは、首の両側に2つあるように見えますがひとつです。右側に多くエサがたまっていることが多いようです。

病気のサイン

いつもと違うな と思ったら

「いつもとちょっと違うな」と思ったら、すぐに獣医師に診てもらいましょう。特にヒナは緊急を要します。

初めて文鳥を飼う方が、文鳥がいつもと違う行動をとっているように思えたら、それは病気の症状かもしれません。「こういう個性なんだ」と思っていたら、病気だったということはよくあります。鳥はエサを食べられなくなったら終わりです。症状がはっきり表れてからでは手遅れのことが多いようです。

ヒナ、幼鳥

- 体重が減っている
- さし餌を食べない
- さし餌が終わった後で吐いている
- 羽毛が膨らみがち
- 未消化便がある
- 育雛室の中を歩けない

成鳥

- 水浴びをしなくなった
- エサを取り替えてもすぐに
  食べに来ない
- 水ばかり飲んでいる
- いつも同じ場所にいる
- 体重の増減
- 羽毛が膨らみがち
- 目がしょんぼりしている
- 目や鼻腔の周囲の羽毛が濡れている
- クチバシの色がピンクっぽい
- 折りたたんだ翼の先が
  背中から落ちている

- 顔周りの羽毛が抜けている
- 羽の色が濃くなった
- 脚の色が黒っぽい
- あしゆびの太さが左右で違う
- あしゆびをしきりに噛んでいる
- 爪の中に茶色の出血斑がある
- フンのにおいが強い
- フンや尿の色がおかしい

血色で見る体調変化

クチバシの血色を観察しよう

　家族の体調がすぐれない時、私たちは顔色で気づくことがあります。少し違うだけでいつもと違う雰囲気にハッとするものです。同じように文鳥の顔色の違いも、クチバシの様子で知ることができます。1cmほどの小さなクチバシですが、この血色が文鳥の状態を表しています。

　いつも気にかけていると、変化があったときに必ずわかりますので、普段の文鳥の状態をよく観察しておいてください。記憶だけでは曖昧になるかもしれません。正常なときの写真を撮っておくことをお勧めします。

　ただし、ヒナのクチバシの色は個体によって違いがあり、成長とともに変化していきます。赤の血色で判断できるのは成鳥になってからです。

アイリングや脚にも注意

　感染症や内臓疾患だけでなく、卵詰まりでも血色が変わります。ひどくなると、クチバシや脚がチアノーゼと確認できる色になります。体調が悪いと、アイリングは腫れぼったくなります。

　日常のちょっとした体調の悪さも血色に表れます。文鳥が寒そうにしていなくても、寒さで循環器が弱っているときはクチバシ、アイリング、脚の色が濃くなります。こちらは保温することで健康を取り戻すと、元の色に戻ります。

写真で見る血色の変化

❶内臓疾患による体調悪化 ‥‥‥‥‥‥‥‥‥‥‥‥‥‥‥‥‥‥

2 クチバシが暗い印象になっています。脚にも青みが増してきました。動きは活発で元気そうにしていますが、この時点で病院に行くことをお勧めします。

1 足の色はまだきれいですが、クチバシの色がわずかに青みがかっています。

3 初心者から見ても病気だとわかるクチバシと脚です。まだエサは食べていますが、もう末期的な状態です。

❷卵詰まりから回復まで ‥‥‥‥‥‥‥‥‥‥‥‥‥‥‥‥‥‥‥

2 2日目に1個の卵を産みました。疲れているようですが、目に力が戻ってきました。クチバシの濃い紫も消えてきました。

3 卵にうっすら血がついています。体内で炎症を起こしているかもしれません。このあと1週間程度放鳥せずに安静にさせました。

1 指に乗せた時にいつもより重かったので、下腹部を触ってみると卵が確認できました。クチバシと脚の色はかなり悪く、アイリングも腫れています。ケージごと31〜34℃で保温しました。

4 産卵から3週間目。アイリングもすっかり細くなって、血色も元通りになりました。脚の色もきれいです。

病気にさせない飼い方

禽舎飼いの文鳥

戸締まりのできるプレハブ建築の禽舎をつくり、冬に保温をすることなく、文鳥を健康に飼っているブリーダーがいます。エサは大量のシードが置いてありますが、それ以外は特別な印象は受けません。文鳥たちは生まれたときからこの禽舎にいて、暑さ寒さに鍛えられて強くなっているのかもしれません。

手乗りではないので放鳥時間はありません。日中は仲間同士で遊んでいて、日が暮れて暗くなれば眠ってしまいます。

ベランダのプランターで育ったヒエ。未成熟の種は好評です

規則正しい生活

手乗り文鳥で健康に長生きしている個体は、規則正しい生活をしていることが多いようで、一年を通して夜は19時ご

ろに寝ています。

お勤めなどで1日外出している飼い主には、無理な時間かもしれません。一緒に遊ぶ時間を待っている文鳥にもかわいそうです。それでもできるだけ連夜の夜更かしは避けるようにしましょう。

可能な範囲で起床や就寝の時間を同じにして、文鳥にその生活リズムに慣れてもらいましょう。

早寝をさせて

以前、筆者が文鳥を24時近くまで起こしていた頃、肝臓肥大、肥満、突然死などが同じ時期に起こりました。遅くても21時に寝かせるようになってからは、このようなことはありませんでした。

文鳥に肝疾患の個体が多いのは、もしかすると夜更かしが原因のひとつになっているかもしれません。夜はきちんと寝かせて休息をとらせることが大事です。

ワクワクさせること

楽しいことがあると元気になるのは文鳥も同じです。「文鳥のテンションが上がってワクワクすることは？」と考えると、紙切れや紐を運んだり、集めたりする巣づくり行動が思い浮かびます。しかし、このような遊びはメスの発情を促すことになり、あまりおすすめできません。

他のワクワクすることはというと、まずは食餌でしょう。といっても盛大に大食いするわけではありません。見慣れないものを警戒して、どうしようか食べてみようかと遠巻きに覗いているだけでも、密かにテンションが上がっているのです。

文鳥は目の前にあるものが気になってしかたない状態ですが、飼い主が「いらないのだろう」と片付けてしまうのはもったいない話です。放鳥時間が過ぎたのであれば、翌日も置いてみましょう。学

ポンカンの周囲で小躍りしながら食べている文鳥たち

習期に食べていないものは警戒して近寄りませんが、見慣れてくるとチャレンジしてお気に入りになるかもしれません。

興奮して夢中になっている文鳥は、血色が鮮やかで代謝がとても良くなっているように感じます。

病気になりやすい飼い方

著者の経験から、これはよくなかったと思うものも紹介させていただきます。参考にしてください。

- ・深夜まで文鳥と遊んでいる
- ・深夜、寝ている文鳥の周囲を何度も通る
- ・放鳥時に床で何かを食べていても放置している
- ・丸一日かまってあげずに孤独にさせる

動物病院に行く際の注意

信頼できる病院を探す

　住んでいる地域に1軒でも鳥専門の動物病院があれば、恵まれているほうだと思います。それだけ鳥専門病院や鳥を診てくれる動物病院は少なく、かかりつけ医を探すのはたいへんです。

　文鳥を飼おうと思ったら、まず数軒の動物病院をピックアップしておいてください。診療動物に『鳥』があることが大前提です。実際に無理なく行ける範囲を設定しますが、片道2時間以内なら文鳥の体力に問題はありません。

　インターネットで病院を探すのもひとつの手ですが、基本的に都市圏が多く、情報にも偏りがあります。自分で探すほうが現実的です。

事前に電話で確認を

　文鳥を迎えたら、ピックアップしておいた動物病院に電話をかけて、文鳥の健康診断をしてもらえるかどうか聞いてください。「できる」と言われたら、そのう検査を行っているかを聞いてみましょう。そのう検査が可能な病院であれば、行ってみる価値はあると思います。

　獣医師を信頼できるかどうかは、実際に会ってみないとわかりません。初めての病院では飼い主が緊張してしまうかもしれませんが、3軒くらい連絡してみると、それぞれ病院の長所や短所がわかってくると思います。
「そこまでしなくてもよいのでは？」と思われそうですが、一刻を争う状態になった時、ひとつでも間違えると助かるものも助かりません。後悔のないようにしておきましょう。

動物病院に行ってみる

　実際に病院に行きましょう。電話予約が必要な病院であれば、そのときに必要な持ち物や連れて行き方を指示されるかもしれません。忘れずに用意します。そうでない場合は通常のお出かけ（76ページ参照）と同じです。

　検査が必要になるかもしれないので、当日のフンを食品用ラップフィルムに包んで持って行くとよいでしょう。

　通院中にさし餌が必要となるヒナの場合は、給餌道具を持参します。ポットにお湯を入れて持っていきましょう。鳥専門病院なら問題ありませんが、犬猫も診る病院では、さし餌をしたいことを伝えて、安全な場所を確保してください。

　病院内での待ち時間が長かったり、遠出の場合は交通機関にアクシデントがあるなど、予想以上に時間がかかることもあります。念のため、以下のような準備もしておきましょう。

〈事前の準備〉

出発から到着までの時間を多めに見積もり、時間的余裕を多めにつくる

飲み水がなくならないように、常温のペットボトルの水（いつも飲んでいる水で可）を用意

キャリーのエサ入れ以外にもエサを用意

弱っている場合は、止まり木を外して、あわ穂やエサを床にばら撒いておく

文鳥に多い病気

病気の症状が表れたということは、すでに自己治癒が難しい状態になっているということです。おかしいなと感じたらすぐに動物病院に連れて行きましょう。

トリコモナス症
（感染症）

◆原因

原虫ハトトリコモナスの寄生です。親鳥からの給餌でヒナに感染することが多い感染症です。感染したヒナのいるショップでの、給餌器の使い回しでも感染します。

◆症状

ヒナの場合は、食道炎やそのう炎、口腔内粘液の増加などによって、さし餌を飲み込むことができなくなります。首を振って吐くようなしぐさも見られます。

2次感染によって口の中に黄色い膿瘍（のうよう）がみられることもあり、呼吸音がプチプチと聞こえることもあります。成鳥が感染していても、体力が勝っている間は発症しません。

◆治療

抗原虫薬などで治療します。長期間かかる場合もあります。

◆予防

保有している場合、育雛室の環境がよくないとすぐに発症します。温湿度管理をしっかりして発症を抑えます。ひとり餌になる前に健康診断を受けに行きましょう。成鳥も保有している可能性があります。体力低下時に発症しないよう、他の鳥に感染させないために駆除します。

コクシジウム症
（感染症）

◆原因

感染した鳥が排泄したフンに含まれた原虫を、口から摂取することで感染します。多くは生まれた場所で感染していると思われます。

◆症状

腸の粘膜が傷つけられ、未消化便、褐色っぽい軟便、まれに血便が見られ、腹部が膨らみます。

◆治療

抗コクシジウム薬で治療します。

◆予防

感染の可能性がある鳥は隔離します。発症前に検査して、駆除することが重要です。

皮膚真菌症（感染症）

◆原因

カビの一種による感染症です。栄養失調、環境ストレス、抗生剤、ステロイド剤の乱用などが原因となります。

◆症状

頭皮に黄色いかさぶたのようなものができ、羽毛は抜けていきます。瞬膜に感染すると涙目になり、まぶたが閉じられなくなります。文鳥が痒がって掻きむしると出血をします。

◆治療

抗真菌剤で治療します。

◆予防

ケージ内を清潔に保ち、水浴びは毎日させます

肝不全

◆原因

ウイルスや菌による感染症、肝炎、脂肪肝など。

◆症状

動きが緩慢になります。多飲多尿、食欲不振、体重減少、下痢などがみられます。

◆治療

強肝剤の投与、栄養管理、安静。

◆予防

感染症、肥満にならないようにし、有毒物質に注意します。

卵管脱

◆原因

産卵・産卵後にイキミが強いと、卵管が反転して脱出します。総排泄腔から赤い内臓が飛び出します。乾燥すると壊死してしまうため、早く体内に戻します。一刻も早く病院に連れていきます。

◆治療

綿棒を生理食塩水で濡らして、卵管を押し込みます。再脱出すればまた押し込み、これを繰り返します。まずは動物病院で獣医師にやり方を習いましょう。収まりそうにない場合は、縫合してもらうこともあります。

◆予防

無意味な産卵をさせないようにします。1羽飼いのメスは発情させないように接しましょう。

骨折

　他の鳥に追かけられたり、何かに驚いて飛び立ったりしたときに、壁や家具に衝突して骨折します。仲の良くない相手とは一緒に放鳥してはいけません。1羽のときでも驚かさないようにしてください。

　「飛べなくなった」「歩けなくなった」「小刻みに震えている」などの症状がみられたら獣医師に診せましょう。

ヤケド

　カップの熱湯に入ったり、調理器の上にとまったりするとヤケドをします。すぐに保定して患部を流水にさらします。その場は何もなくても、後になって壊死することもあるので油断はできません。塗り薬は舐めてしまうので使わないでください。危険がある場所では放鳥しないようにします。

爪の切りすぎ

　爪先の血をぬぐったら片栗粉や小麦粉を傷口につけて指で押さえてください。これで止血できれば問題ありません。線香などで傷口を焼く方法もありますが、煙を吸わせないように注意してください。初心者には難しいかもしれませんので、動物病院に連れて行くことをお勧めします。

ペアリングと繁殖

文鳥のペアリングは、私たち人間の恋愛のように好き嫌い
があり、難しいものです。けれども飼い主がちょっと工夫
をすることで、うまくまとまることがあります。新しいペ
アとそのヒナたちの誕生を見守ってあげたいですね。

文鳥を繁殖させるということ

飼っている文鳥ペアの仲が良いと、繁殖させてみたくなるものです。目の前で命が生まれ、育っていく様子はどんなにすばらしいでしょう。

しかし、うまくいく幸せな繁殖がある一方で、うまくいかない不幸な繁殖もあります。死産になったり、育雛に疲れてしまった親鳥が途中で力尽きたり、親鳥が育児放棄をすることもあります。

そうなると夢に見ていた繁殖とはかけ離れたものになるだけでなく、飼い主が

その責任をとらなければいけなくなるのです。

繁殖をするのであれば、どんな状況になっても文鳥たちを守っていく覚悟をもってください。

文鳥の発情

発情・産卵に適した時期

文鳥の発情期は、通常、秋から春にかけてです。この時期に「気に入った相手」「豊かなエサ」「安全な産卵場所」の3つがそろうと発情します。発情すると、メスの卵巣や卵管は通常の10倍ほどの重さになり、機能を始めます。

しかし、文鳥に疲れがあったり、気分が落ち着かないなど、些細な理由で発情しないことがよくあります。繁殖するためには、交尾の時に雌雄どちらも発情をしている必要があるので、できるだけ刺激しないようにそっとしておきます。

産卵・育雛は重労働

文鳥はどの個体でも繁殖できるかというと、必ずしもそうではありません。メスにとって産卵は重労働で、産む体力がなければ卵詰まりで命を落とすこともあります。

よく馴れた手乗りも難しいでしょう。飼い主をパートナーと思うように育てられた文鳥に、「同じ仲間だから文鳥とペアになりなさい」というのは無理というものです。特に1羽飼いの文鳥は、他の個体を受け入れることが難しいでしょう。

繁殖に向かない個体

●生後8カ月未満

およそ6カ月で性成熟しますが、成長が遅い個体もいます。

●小柄なメス

体重22g未満では骨盤が小さいため、通常の卵がつくることができず、球体に近い卵や細長い卵になります。このような卵からはヒナは生まれません。ブリーダーが繁殖に使う個体は30g前後です。

●病鳥、投薬中、肥満した個体

雌雄問わず、感染症をもった個体はNGです。健康ではない親鳥は、繁殖には向きません。

●4歳以降のメス

初産で4歳を過ぎていると、体力低下による危険を伴います。

文鳥同士の相性をみる

お見合いで相性をみる

発情してない状態でも、お見合いをすることは可能です。とはいえ、いきなり2羽を1つのケージに入れたり、一緒に放鳥することはやめましょう。

どちらかが本気で攻撃してしまうと、仲良くなる可能性がゼロになります。お見合い中でもうっかりケンカをさせないよう、用心しながら進めていくことが大切です。

お見合いの手順

1．ケージを隣に並べる

脈がないと感じても4〜5日はそのままにします。この間にオスがメスに近寄って、さえずっているかどうかを確認してください。さえずっていなければ可能性は低いでしょう。

2．一緒に放鳥する

「2羽ともに相手を威嚇していない」「オスのさえずりをメスが聞いている」を確認できたら、2羽を同時に30分ほど放鳥します。ケンカをしそうになったら別々のケージに戻しましょう。

一緒に行動するようであれば、これを1週間繰り返します。

3．一緒のケージに入れる

1週間経ったら、2羽の放鳥後、メスのケージにオスを入れます。落ち着かなくなってソワソワし始めたら、すぐにオスをケージから出します。初日は30分間くらいから始め、徐々に時間を延ばしてみましょう。1週間くらいで同居が可能になります。仲良くエサを食べていれば、ペアになる可能性大です。

求愛から抱卵まで

求愛ダンスと交尾

　文鳥の交尾は、オスがメスを誘う求愛ダンスから始まります。さえずりながらピョンピョンとゴムまりのように跳ねてダンスをします。メスに捧げる歌を歌って踊るパフォーマンスです。

　オスを気に入ったメスは頭を下げて背を低くし、尾羽を高く上げて小刻みに震わせます。交尾OKのサインです。オスはダンスとさえずりを続けながら少しずつメスの横に近づき、ピョンピョンのリズムを崩さないようにして、メスの背中の上に飛び乗ります。そして腰を折り曲げ、翼を羽ばたかせてバランスをとりながら、2秒程度の交尾をします。

産卵そして抱卵

　交尾によって受精をすると、約3日後に最初の卵を1つ生みます。メスの体内には精子を貯蔵する場所があり、1個ずつ受精させながら、1日1個の受精卵をつくり、約1週間かけて合計6個程度の産卵をします。初産の場合は、初回は2〜3個になることが多いです。

　抱卵は卵が3〜4個そろったあたりから始め、オスもメスもどちらも同じように温めます。一緒に巣に入る時もありますが、交代で抱いているときもあります。約18日で最初の1羽が孵ります。

抱卵中の注意

静かに見守りましょう

抱卵中の親鳥は卵を守ることに一生懸命で、飼い主さえも威嚇します。繁殖が失敗する確率が一番高いのもこの抱卵時です。特に今まで毎日放鳥されて遊んでいた手乗り文鳥がケージの中でじっと抱卵しなければならないわけですから、ストレスは大きいと思います。

飼い主の目線も気になるでしょう。応援するつもりでも巣の中を覗くのは厳禁です。文鳥は天敵に見つかったような気持ちになって、巣を放棄してしまうことがあります。

初めての抱卵は邪魔をせず、静かに遠くから見守ります。ケージの前で掃除機をかけるのは厳禁です。ケージの掃除もやらないくらいでちょうどよいでしょう。

〈繁殖のためのケージ〉

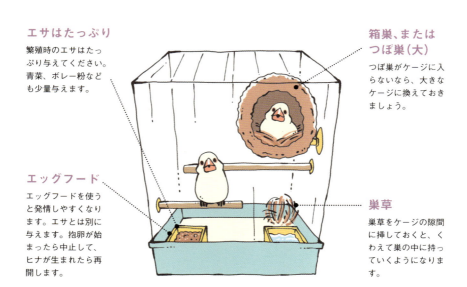

エサはたっぷり
繁殖時のエサはたっぷり与えてください。青菜、ボレー粉なども少量与えます。

エッグフード
エッグフードを使うと発情しやすくなります。エサとは別に与えます。抱卵が始まったら中止して、ヒナが生まれたら再開します。

箱巣、またはつぼ巣(大)
つぼ巣がケージに入らないなら、大きなケージに換えておきましょう。

巣草
巣草をケージの隙間に挿しておくと、くわえて巣の中に持っていくようになります。

ヒナを
手乗りにしたいとき

　生まれたヒナを手乗りにしたいときは、生後12日目くらいのヒナを取り出します。これを『巣上げ』といいます。

　複数羽いるときは、1日ずつ誕生日が違うので、真ん中のヒナが12日になったら、全羽まとめて取り出します。半分巣に残したいと思っても、数が変わったことで親鳥が育てなくなることがあります。全羽巣上げするか残すかのどちらかです。

　巣上げが早すぎると、小さい口へのさし餌に苦労し、遅すぎると飼い主を怖がりはじめるので、これもさし餌に苦労します。巣上げ後は1時間ほど育雛室で寝かせてからさし餌をしてみましょう。お腹が空いていると口を開けるのでさし餌のチャンスです。エサが食べられたヒナはその1回がきっかけとなって次第に馴れていきます。

　巣上げした後、何らかの事情で親元に戻しても、親鳥が嫌がってしまうのが普通です。一度取り出したら飼い主が育てなくてはいけないと思ってください。

　全羽残した場合、ヒナは荒鳥になります。親が手乗りなら、見よう見まねで飼い主のそばまで来ることがあるかもしれませんが、手乗りにするには飼い主の忍耐力と長い時間が必要になります。

　巣上げしたヒナへのさし餌の方法は、36ページを参照してください。

文鳥の育雛

ヒナが生まれる

　生まれた当日のヒナは何も食べません。お腹の中心に卵黄嚢（らんおうのう）を抱えていて、それを栄養源に１〜２日を過ごします。「親鳥が何も食べさせていない」と、心配する必要はありません。

　だいたい１日に１羽ずつ孵化していきます。２日目から、ヒナはかすかな声で鳴くようになり、親鳥に給餌を求め始めます。鳴き声は日に日に大きくなり、５日目あたりからは遠くからでも聞こえるようになってきます。

初めての繁殖で失敗させてしまうと、その後も失敗する率が高くなります。決してジャマはしないように

育雛中の注意

　育雛中も抱卵時のように、あまり巣の中を覗かないでください。親鳥は気が立つとヒナを巣から放り出して、捨ててしまうことがあります。

　ヒナへの給餌も、親鳥は雌雄ともに携わります。ヒナが大きくなってくると日中はひっきりなしに給餌を行っています。エサを切らすことがないように、たっぷりと与えてください。

　親鳥が手乗りの場合、育雛に慣れてくると「ケージから出たい」と飼い主に訴えるようになります。そういうときは10分くらい交代で放鳥するのもよいでしょう。親鳥もヒナが気になるようで、気分転換をしたらすぐにケージに帰ります。

小さな声で鳴き始めたヒナに対して、親鳥はエサを食べて吐き戻して与えるようになります

巣上げしたヒナを慈しむ親鳥。親鳥が
手乗りだと、このような微笑ましい姿
を見ることがあります

この親鳥はあまり警戒していませんが、
通常はこのくらいの小さなヒナや卵は
羽毛で覆って隠してしまいます

さし餌をねだって鳴くヒナたち。体の
大きさで生まれた順番がわかります。
数羽いると安定して育ちやすいです

生後1カ月を過ぎて、ひとり
餌の近いヒナたち。手前ピン
ク色のクチバシが白文鳥。茶
色のクチバシは桜文鳥です

飼い主をパートナーにするよ
うな、よく馴れた手乗りにす
る場合は、このあと1羽だけ
にして育てる必要があります

もっと知りたい 文鳥Q & A

寒さを感じているときは、脚を羽毛で隠して、熱が逃げないようにします。クチバシも背中に隠します

 Q1

眠くなると、文鳥の脚が温かくなっているのはなぜですか？

 A

入眠するために体温が下がるよう、脚の毛細血管を開いて熱を放出しているからです。副交感神経が働いている状態です。

 Q2

文鳥が手ではなく、足の甲に乗ってくつろぐのはどうして？

 A

足で文鳥をつかむことはできないからでしょう。

ゆっくりしたいから触られたくはないけど、飼い主の温もりを感じていたい。そんなときは足に乗ります

よく馴れた手乗り同士でも、一緒に放鳥しているとペアになりやすいです

Q4

文鳥が真夜中に暴れることがあります。どんな理由が考えられますか？

A

寒さで自律神経が乱れて『てんかん様発作』を起こしているか、暗幕の隙間から見えるスマホなどの光に驚いているのではないでしょうか。

オスからの求愛が一般的ですが、メスから求愛されたらうれしいでしょうね

Q3

よく馴れた手乗りが1羽います。もう1羽ヒナを迎えようと思っています。こちらもよくなつかせたいのですが、どうすればいいですか？

A

2羽目のヒナも1羽飼いのように育てます。学習期が終わるまでは、先住の文鳥とは隔離して、見えないようにして育てます。放鳥も別々にします。

落ち着かないときは、ケージから出さず、照明をつけたままで見守ります

Q5

メスも求愛ダンスを踊りますか？

A

稀にそのような個体が存在します。オスと同じようにピョンピョンと跳ねながらダンスをし、歌ではなく、「キューキュー」と声を発することがあります。自分から誘うときに行います。

ヒトに文句を言える文鳥は、飼い主と
の関係が良好な証拠です

Q6

**夜起きているとき、寝ている文鳥が
「ルルル」と怒ることがあります。
何かあるのでしょうか。**

A

飼い主に対して怒っていると考えたほ
うが自然です。「話し声や物音がうる
さい」「明かりが漏れている」「ヒトが
いつもより遅くまで起きている」など
の理由で怒っていると思われます。

Q7

**自分が死んでしまった場合、残され
た文鳥が心配です**

A

大切にかわいがってくれる友人や家族
にお願いできるよう、前もって約束を
交わしておきましょう。そのうえで言
書を残しておくとよいと思います。

「この瞬間がいつまでも続く」と信じて
いる文鳥たちが困ることのないように…

Q8

**家族のなかでいちばん自分に懐いて
もらうには、どうすればいいです
か?**

A

家族の誰よりもいちばん長く一緒にい
て、話をすることです。

「あなたの時間をどれだけくれる?」と言
われたら、飼い主は動けなくなりますね